PHYSIOLOGIE DU GOUT

TIRAGE A PETIT NOMBRE

Plus 25 exemplaires sur papier de Chine et 25 sur papier Whatman, avec épreuves des *gravures avant la lettre*.

Il a été fait un tirage en GRAND PAPIER, ainsi composé :

20 exemplaires sur papier de Chine (N°s 1 à 20).
20 — sur papier Whatman (N°s 21 à 40).
170 — sur papier de Hollande (N°s 41 à 210).

210 exemplaires, numérotés.

Les exemplaires en papier de Chine et en papier Whatman de ce dernier tirage contiennent les gravures en *double épreuve*, avant et avec la lettre.

PHYSIOLOGIE
DU GOUT

DE BRILLAT-SAVARIN

AVEC UNE

PRÉFACE PAR CH. MONSELET

Eaux-fortes par Ad. Lalauze

———

TOME PREMIER

10772

PARIS

LIBRAIRIE DES BIBLIOPHILES

Rue Saint-Honoré, 338

———

M DCCC LXXIX

NOTE DE L'ÉDITEUR

IEN souvent nous avons entendu les bibliophiles réclamer leur édition de la *Physiologie du Goût* et se demander pourquoi, à une époque qui se distingue par l'amour des beaux livres, il ne venait à l'idée d'aucun éditeur de la publier. Il faut convenir, en effet, que les honneurs du tirage à petit nombre sur papier à la forme et de la gravure à l'eau-forte ont été faits récemment à des ouvrages qui n'ont pas la valeur du chef-d'œuvre de Brillat-Savarin : car la *Physiologie du Goût* est bien l'une des productions littéraires les plus remarquables, et peut-être la plus originale, du XIXᵉ siècle. Avec des recettes culinaires et des préceptes d'hygiène assaisonnés d'anecdotes des plus piquantes, l'auteur a su faire œuvre de style et d'imagination, et son livre est un de ceux qu'on ne peut laisser inachevés quand on en a commencé la lecture. On est charmé par la parole inspirée et convaincue de cet apôtre de la bonne cuisine, qui a su allier si habilement la science pratique au mérite littéraire qu'en présence de son œuvre on se demande si l'on se trouve à une table bien servie d'où il se dégagerait des parfums exquis de littérature, ou si l'on a sous les yeux un livre laissant échapper des effluves culinaires qui viennent caresser l'odorat.

Et d'ailleurs, il ne faut pas s'y tromper, la cuisine est véritablement un art, art tout moderne, art tout français et qui devait trouver en France son chantre le plus autorisé.

Les grands repas des Romains n'étaient qu'un brutal amas de plats gigantesques, où les mets et les ingrédients de toutes sortes se trouvaient confondus dans des sauces dont la seule analyse nous soulève aujourd'hui le cœur. La description du plus beau festin de Lucullus ne peut rien inspirer d'analogue à la douce émotion qu'on ressent en lisant le récit du simple et succulent déjeuner du curé, si onctueusement raconté dans le paragraphe des *Variétés* qui a pour titre : *l'Omelette au thon.*

La vraie gourmandise, telle que la définit Brillat-Savarin [1], non seulement est permise, mais nous paraît encore être un devoir. N'est-ce pas, en effet, un hommage dû par nous au Créateur que de maintenir en exercice toutes les facultés dont il nous a doués? Le sens du goût ne nous a pas été donné pour que nous le laissions s'oblitérer par un usage inintelligent. Manger sans goûter est aussi peu d'un homme civilisé que penser sans réfléchir. D'ailleurs, le maître l'a dit : « Les animaux se repaissent, l'homme mange, l'homme d'esprit seul sait manger [2]. » La grande préoccupation des affaires et le train fiévreux de l'existence peuvent excuser des repas pris sans attention ; mais le jour où, tournant le dos à votre travail, vous venez vous asseoir, au milieu d'une société agréable, à une table bien et copieusement servie, si vous dédaignez de goûter ce qui vous est offert, si vous ne savez apprécier ces finesses et ces élégances de l'assaisonnement qui ajoutent à la qualité des mets sans rien leur ôter de leur saveur native, au nom de l'immortel Brillat-Savarin, nous vous refusons énergiquement le nom d'homme d'esprit.

C'est la gloire de l'auteur de la *Physiologie du Goût* d'avoir compris la poésie de la cuisine et de l'avoir fait

---

1. « La gourmandise est un acte de notre jugement par lequel nous accordons la préférence aux choses qui sont agréables au goût sur celles qui n'ont pas cette qualité. » (*Aphorisme VI.*)

2. *Aphorisme II.*

comprendre à ses contemporains. *Pectus est quod facit diser-tos* : aussi est-ce avec une éloquence entraînante qu'il parle de son sujet favori ; il faut être bien rebelle aux jouissances du goût pour ne pas se laisser convaincre par la lecture de son livre, et le nombre est infini des conversions qu'il a opérées. Ce n'est donc que justice d'élever, dans une édition de haut luxe, un monument à ce grand homme, qui fut en même temps un lettré délicat, un fin mangeur et un bon magistrat.

Si cette édition n'a pas encore été faite, cela tient peut-être aux difficultés qu'on a rencontrées. Il n'y a pas de vraiment beau livre sans des planches à l'eau-forte, qui rendent avec la vivacité de la peinture les points les plus saillants de l'œuvre interprétée, et les planches hors texte donnent certainement plus grande allure à une édition ; mais dans la *Physiologie du Goût*, divisée en trente Médi-tations, il y en a quelques-unes qui ne présentent aucun épisode au crayon de l'artiste, obligé de se rejeter alors sur une composition allégorique ; et ce genre de composition s'arrange mal du cadre de la planche hors texte. Pour tourner la difficulté, nous avons pris le parti de mettre une planche en tête de chaque Méditation, en lui donnant la forme et la place d'un fleuron, lesquelles se prêtent beau-coup mieux à un dessin allégorique. Nous avons alors été amené à terminer chaque Méditation par un cul-de-lampe toutes les fois qu'il restait un espace suffisant pour le placer, et sans doute les bibliophiles ne seront pas tentés de s'en plaindre, car nous nous trouvons ainsi leur offrir aujourd'hui un ouvrage qui contient cinquante et une planches à l'eau-forte, nombre bien supérieur à ce que nous avons donné dans nos éditions les plus ornées de gravures.

Pour ce travail un peu nouveau, qui demandait de l'ima-gination, de l'ingéniosité et de la souplesse, nous nous som-mes adressé à M. Lalauze, qui s'en est tiré à son grand honneur. Il a fait là une œuvre vraiment originale, et les amateurs seront heureux d'avoir à apprécier cette manifesta-tion nouvelle d'un talent qui depuis longtemps a conquis leurs suffrages.

La seule édition de la *Physiologie du Goût* imprimée du vivant de l'auteur est celle qu'a publiée Sautelet en 1826[1] ; c'est aussi celle que nous avons suivie, conformément à l'usage adopté pour toutes nos publications. Malheureusement elle est très incorrecte, et les nombreuses fautes dont elle est émaillée feraient penser que Brillat-Savarin était plus gourmet que liseur d'épreuves, ou que ceux qui ont concouru à l'impression de son œuvre en ont tellement subi le charme qu'ils sont tombés dans des distractions inusitées. Les citations latines ou anglaises y sont très fréquentes, et il n'en est presque pas qui ne soient plus ou moins défigurées. Nous avons donc dû modérer par une surveillance très attentive notre respect pour le texte primitif.

A toute édition qui se respecte, et qui respecte ses lecteurs, il faut une préface, si courte soit-elle, et les plus courtes sont les meilleures. Nous en avons demandé une à l'écrivain que sa compétence désignait entre tous pour ce travail, à M. Ch. Monselet, qui s'est mis de la meilleure grâce à notre disposition. C'est donc armée de toutes pièces que notre édition de la *Physiologie du Goût* se présente au public. Si le malheur voulait qu'elle n'obtînt pas son approbation, on n'aurait toujours pas à nous reprocher d'avoir rien omis ou négligé pour la mériter.

---

1. Deux volumes in-8°. Il y a des exemplaires avec la date de 1826, et d'autres avec celle de 1827.

D. J.

PRÉFACE

EPUIS longtemps j'avais un mot à dire de Brillat-Savarin. Cette figure, souriante plutôt que riante, ce demi-ventre, cet esprit et cet estomac de bon ton, me tentait. L'occasion ne saurait être meilleure, et j'en profite.

Anthelme Brillat-Savarin ou Brillat de Savarin (car il a signé ainsi son ESSAI SUR LE DUEL) naquit à Belley, dans l'Ain, le 1er avril 1755, et mourut à Paris le 2 février 1826. C'est donc une carrière de soixante et onze ans qu'il a parcourue. Il a eu le temps de manger.

La nature l'avait d'ailleurs prédestiné à cette importante fonction; elle lui avait donné une haute taille, une santé robuste et un fond précieux de bonne humeur. Sans ambition, enclin à l'étude, suffisamment riche, il semblait devoir mener l'existence paisible et heureuse d'un avocat de province qui a son couvert mis dans toutes les bonnes maisons. Jusqu'à trente-quatre ans, en effet, on le voit aller et venir dans ce fertile pays du Bugey, tantôt s'attablant aux grasses hôtelleries où les volailles rôtissent par chapelets, tantôt faisant vis-à-vis à quelque jovial curé, d'autres fois tenant tête à de bruyants chasseurs. Déjà s'amassaient dans sa mémoire ces précieuses recettes qu'il devait léguer à la postérité : la fondue, l'omelette au thon, le faisan étoffé, etc.

La Révolution vint couper court à ces joyeuses parties. Ses concitoyens, qui avaient su apprécier en lui d'honnêtes qualités, l'envoyèrent à l'Assemblée constituante. Brillat-Savarin n'y fit pas plus mauvaise figure qu'un autre ; mais il n'y parut pas préparé pour l'œuvre considérable qui s'apprêtait. De retour dans son département, il fut nommé président du tribunal civil. On voulait à toute force lui faire jouer un rôle. Qu'attendait-on de lui ? Je ne sais. L'année 1793 le trouva maire de Belley. Il jugea l'emploi trop lourd pour ses épaules, et, comme la Suisse n'était qu'à deux pas, il alla y chercher un refuge contre un mouvement qu'il se sentait impuissant à diriger ou à modérer. J'ignore jusqu'à quel point il faut ajouter foi aux persécutions qu'on prétend avoir été dirigées alors contre lui : le gouvernement avait à s'occuper de bien d'autres choses en ce

*temps-là ! Toutefois est-il que Brillat-Savarin passa
aux États-Unis, où le repos qu'il goûta pendant deux
années profita à ses chères études. Les pages qu'il a
écrites sur son séjour en Amérique sont de ses meilleures; il y a là des éclaircies de paysages, des ta-
bleaux d'intérieur brossés avec une légèreté et un
charme que Chateaubriand lui-même aurait enviés.*

*Lorsqu'il revint en France, le Directoire menait
grand train. Lancé dans la voie d'aventures, Brillat-
Savarin, qui avait été dépouillé de ses propriétés dans
le Bugey, accepta un poste de secrétaire dans l'état-
major des armées de la république en Allemagne;
puis il fut envoyé en qualité de commissaire du gouvernement dans le département de Seine-et-Oise. Enfin, après le 18 brumaire, auquel il avait assisté
avec une résignation que je n'ai pas à apprécier, le
Sénat le casa définitivement, en faisant de lui un con-
seiller à la Cour de cassation.*

*C'est dans ce port qu'il a passé les vingt-cinq
dernières années de sa vie, à peine troublé par le
bouleversement des Cent-Jours, maintenu par tous
les gouvernements, acceptés d'ailleurs philosophique-
ment par lui. C'est sur ce siège magistral qu'il a éla-
boré sa PHYSIOLOGIE DU GOUT, œuvre et résumé de
sa vie.*

*Nous nous trouvons ici en présence d'un livre
adopté sur lequel il n'y a à revenir que pour l'éloge,
d'un livre sainement pensé, spirituellement déduit,*

écrit dans le style le plus naturel du monde, ce qui n'en exclut pas les agréments et les originalités particulières au tempérament de son auteur. Je n'y relève un peu d'apprêt çà et là que dans l'ordonnance, ce qui est encore une marque de révérence envers le lecteur, la preuve qu'on cherche à lui plaire en lui coupant les morceaux par bouchées petites et coquettes. Où Brillat-Savarin excelle surtout, c'est dans l'anecdote ; il en possède le véritable secret, le tour et le ton.

Il a conquis et il conquiert tous les jours beaucoup de gens à la gastronomie, justement par la parfaite sagesse de ses préceptes, par son bon sens si bien équilibré. Venu après Grimod de la Reynière, il a réuni en corps de doctrine les enseignements et les renseignements épars de celui-ci ; il les a fixés pour toujours. Il y a entre Grimod de la Reynière et Brillat-Savarin la différence qu'il y a entre un gros mangeur et un mangeur délicat [1]. Grimod de la Reynière est un

---

[1]. Il faut tout faire entrer dans une biographie, même une note discordante, à la condition qu'elle émane d'une autorité. Or ce titre de mangeur délicat a été contesté à Brillat-Savarin, et par qui? Par le marquis de Cussy, à qui l'on ne saurait refuser voix au chapitre. Je tombe de mon haut en transcrivant les lignes suivantes de son *Art culinaire :* « Brillat-Savarin mangeait copieusement et mal; il choisissait peu, causait lourdement, sans vivacité dans le regard, et était absorbé à la fin d'un repas. » En d'autres

rabelaisien, un affamé perpétuel (avec bien des pré-
férences cependant), un homme qui ne peut pas s'em-
pêcher de jeter un regard attendri sur les ripailles
des noces de Gamache. Son enthousiasme, qui ne
connaît aucun frein, le pousse à s'écrier quelque
part : « On mangerait son propre père à cette sauce ! »
Et il l'eût fait comme il le disait. Brillat-Savarin
s'arrête à cette ligne : il n'aurait mangé personne, à
quelque sauce que ce fût.

Le principal mérite de Grimod de la Reynière, et
celui qui lui constitue des titres souverains à notre re-
connaissance, est d'avoir été le journaliste de la cui-
sine. Ses huit années de l'ALMANACH DES GOURMANDS
représentent huit années de luttes. Il a du journaliste
la plupart des défauts inévitables, les complaisances,
les injustices, les jugements improvisés ; mais on ne
saurait lui dénier l'ardeur, le dévouement et cette foi
qui soulève les pâtés. On peut dire de lui qu'il a fait
marcher les fourneaux, après les avoir sauvés peut-
être du grand naufrage de la Révolution. Dans tous

---

circonstances, le marquis de Cussy ne se fait pas prier pour
louer son rival. Au début des *Observations* qu'il a laissées
sur la *Physiologie du Goût*, il dit : « Faire apercevoir
quelques légères taches au soleil, ce n'est point chercher à
affaiblir l'éclat de ses rayons. » A la bonne heure ; mais le
convive n'en reste pas moins cruellement et, je le soupçonne, injustement nié. Brillat-Savarin était comme tout le
monde : il devait avoir ses bons et ses mauvais jours.

les cas, il a été le chaînon qui relie le passé à l'a-
venir.

L'autre, Brillat-Savarin, est plus particulièrement
le législateur. Il y a du Boileau en lui. Il s'échauffe
pourtant quelquefois. Son : Et vous verrez merveilles ! est demeuré célèbre. La Physiologie du
Gout a eu de nombreuses éditions, mais non précipi-
tées ; son succès s'est fait lentement et sûrement. Aujourd'hui, c'est ce qu'on appelle un ouvrage de bibliothèque.

Il m'a été donné de questionner des personnes qui
avaient connu Brillat-Savarin, particulièrement dans
la société des Récamier, auxquels il était apparenté.
Leur opinion était unanime sur son compte : aimable,
fin, du meilleur monde. Ses manies se rattachaient à
sa passion favorite : c'est ainsi qu'il incommodait
tous ses collègues de la Cour de cassation par l'odeur
du gibier qu'il apportait dans ses poches pour le
faire faisander. Habitué du café Lemblin, il y venait
avec un chien, qui était devenu légendaire. Il habitait
une maison de la rue des Filles-Saint-Thomas. Sa
veuve lui a longtemps survécu : M. Lefeuve affirme
qu'elle existait encore en 1859, rue Vivienne.

J'ai lu à peu près tout ce qu'on a écrit sur Brillat-
Savarin. Le croirait-on ? l'article qui le concerne dans
la Biographie universelle est de Balzac, un des
moins mangeurs qui aient été parmi les gens de
lettres, un homme qui ne perdait pas plus de temps à

table que Napoléon. Or ▌la gastronomie est faite
surtout de temps perdu. On ne mange pas « sur le
pouce » dans le royaume de Comus. L'article de
Balzac n'en est pas moins bien composé, comme tout
ce qui est sorti de la plume de cet écrivain, qui a
porté si loin les qualités d'intuition et d'assimi-
lation [1].

Quelques autres littérateurs, Alphonse Karr,
Eugène Bareste, etc., ont publié aussi des notices
sur Brillat-Savarin; mais je ne vois rien de carac-
téristique dans aucune d'elles.

La PHYSIOLOGIE DU GOUT *a eu un imitateur ou*
plutôt un continuateur dans l'auteur anonyme d'un
livre paru en 1839 *sous ce titre :* NÉO-PHYSIOLO-
GIE DU GOUT, OU DICTIONNAIRE GÉNÉRAL DE LA CUI-
SINE FRANÇAISE ANCIENNE ET MODERNE, *etc., etc.,*
dédié à l'auteur des MÉMOIRES DE LA MARQUISE DE
CRÉQUY (Paris, 1 vol. gr. in-8 de 635 pages). *C'est*
un très excellent répertoire, fort pratique, rempli, lui
aussi, d'intéressantes digressions, et qui mériterait
d'être plus connu. L'auteur, qui est assurément un
gastronome de race, y taquine fréquemment sur quel-

---

1. Balzac devait bien cette politesse à Brillat-Savarin,
car c'est la *Physiologie du Goût* qui lui a inspiré sa *Physiologie du Mariage.* Il en a reproduit la division par *Médi-
tations* et par *Aphorismes;* il en a emprunté aussi l'accent
professoral.

ques points son illustre devancier, ce qui ne l'empêche pas de rendre justice à sa haute compétence. A des indices presque certains, et surtout à la dédicace, je crois pouvoir attribuer la NÉO-PHYSIOLOGIE DU GOÛT au comte de Courchamps. C'était aussi l'opinion de Roger de Beauvoir.

Depuis Brillat-Savarin, la gastronomie est-elle en progrès? C'est une question que j'entends souvent poser, et à laquelle je voudrais pouvoir répondre affirmativement; mais je cherche en vain les tables que l'on cite, les amphitryons qu'on renomme. Où sont les grands cuisiniers? quels noms avons-nous actuellement à opposer à ceux de Carême et de Robert?

On mange beaucoup cependant; les restaurants se sont multipliés à l'infini. Qu'est-ce que la cuisine y a gagné? Je pourrais plutôt vous dire ce qu'elle y a perdu. Presque tous les rôtis se font aujourd'hui au four. Abomination!

Je sais l'histoire d'un vieux et digne cuisinier qui, se trouvant sans ressources, sortit un matin en dissimulant de son mieux sous son paletot quelque chose de long et de mince enveloppé dans du papier. Il se dirigea vers le mont-de-piété de la rue des Blancs-Manteaux, le grand mont-de-piété, la maison mère. Là, il s'approcha d'un guichet d'engagement, et il déposa son ustensile devant l'employé.

« Qu'est-ce que c'est que cela? lui demanda celui-ci.

— *C'est* Ernestine... *la fidèle compagne de toute ma vie.* »

Et, en prononçant ces mots, le cuisinier essuya une grosse larme.

« *Dépliez,* » *dit l'employé.*

Le cuisinier obéit, et l'on put voir une broche, une broche affilée et luisante.

« *La reine des broches... murmura-t-il.*

— *Nous ne prêtons pas là-dessus, répondit sèchement l'employé.*

— *Plaît-il ?*

— *Je dis que le mont-de-piété ne reçoit pas de broches.*

— *A moins qu'elles ne soient en diamants,* » *prononça un autre commis facétieux.*

Le cuisinier demeura immobile, sans comprendre, pendant qu'on riait autour de lui.

« *Allons, retirez cela, dit l'employé ; c'est encombrant.*

— *Qu'est-ce que vous voulez que j'en fasse ? soupira le pauvre homme ; il n'y a plus de cuisine nulle part !*

— *Enlevez, vous dis-je.*

— *O* Ernestine ! *qu'allons-nous devenir ?...* »

Après ce cri, qui eût attendri des fauves, mais qui laissa insensibles les employés du mont-de-piété, le malheureux reprit sa broche, sans plus se donner la

peine de l'envelopper, et sortit à grands pas. Dans
la rue, tout le monde se retournait pour regarder
passer cet homme éploré, brandissant cette tige de fer
nue...

La sollicitude des praticiens d'à présent (et il y en
a de fort habiles) s'est toute reportée sur la cuisine
d'ornementation, sur le dressage, sur le service
de table. On soigne les aspics, les chartreuses,
tout ce qui est pièce montée; on travaille pour
l'œil.

Un chef n'est plus qu'un impresario de théâtre,
dont la préoccupation se tourne exclusivement vers le
décor et les costumes. Dès lors, pourquoi ne pas faire
brosser des repas par Chéret? A tous les étages de la
société, dans tous les mondes, je retrouve cette manie
envahissante du paraître. Parlerai-je de la cuisine
officielle, des dîners de ministères, rehaussés dé musique à la cantonade, autre invention de théâtre,
injurieuse pour les convives, et qui tue la causerie? Ce
ne sont pas des dîners où l'on vient pour manger.
Là surtout, le chef est plus fier d'un kiosque chinois
sur rocher en sucre colorié et filé, auquel personne
ne touche, que d'une carpe à la Chambord traitée
d'après les maîtres. La cuisine officielle a cessé d'exister depuis Cambacérès.

Une des autres causes de l'état stationnaire de la
gastronomie, c'est que tous les dîners se ressemblent.
Celui que vous avez mangé hier au faubourg Saint-

Germain, vous le mangerez demain au faubourg
Saint-Honoré. Au bout de la semaine, vous recon-
naîtrez que vous n'aurez changé que de couvert; le
menu aura toujours été, quant aux principales pièces,
le turbot aux deux sauces, le filet à la royale, la
volaille à la Périgueux, le jambon d'York et les écrevisses en branche. Cette paresse d'imagination, cette
absence de recherche, sont indignes d'un pays tel que
le nôtre.

Il faudrait réagir. Mais comment? Autrefois il y
avait des groupes, des séries d'hommes intelligents et
spéciaux qui se réunissaient pour manger. Ces groupes
étaient un perpétuel stimulant pour les cuisiniers : ils
ont disparu et n'ont pas été remplacés; ils pourraient l'être cependant. Sans trop chercher, on
retrouverait, principalement chez certains médecins, quelques étincelles du feu sacré. La renais-
sance pourrait nous venir aussi des cercles, qui
n'auraient pour cela qu'à se montrer plus exigeants
sur l'article de leur table. Un des derniers bons
officiers de bouche du Jockey-Club de Paris a été
Jules Gouffé : joli travail, facile, sans trop de papil-
lotage.

Les cordons bleus sont devenus plus rares que des
phénix et se payent au poids de l'or. En résumé, la
situation devrait être plus brillante. La gastronomie
française vit sur son passé et n'a rien perdu de son
prestige aux yeux de l'étranger ; mais ce n'est pas

assez. Le temps d'arrêt est trop caractérisé. Puisse la lecture de Brillat-Savarin surexciter des ambitions et déterminer des vocations [1] !

---

1. Une dernière note, celle-là pour consacrer un de mes étonnements. Ni Brillat-Savarin, ni Grimod de la Reynière, ni même le marquis de Cussy, n'ont paru accorder une grande importance au vin. Ils semblent ne le considérer que comme un élément digestif. Pourvu qu'il soit bon, ils n'en demandent pas davantage ; ils ne font pas de distinctions entre nos innombrables et admirables crus de la Bourgogne et du Bordelais. Le sens exquis de cette partie si importante de la dégustation leur aurait donc manqué? Sous ce rapport du moins, nous leur serions supérieurs.

CHARLES MONSELET.

Paris, 30 novembre 1879.

APHORISMES

DU PROFESSEUR

POUR SERVIR DE PROLÉGOMÈNES

A SON OUVRAGE

ET DE BASE ÉTERNELLE A LA SCIENCE

I

L'univers n'est rien que par la vie, et tout ce qui vit se nourrit.

II

Les animaux se repaissent, l'homme mange; l'homme d'esprit seul sait manger.

III

La destinée des nations dépend de la manière dont elles se nourrissent.

IV

Dis-moi ce que tu manges, je te dirai ce que tu es.

V

Le Créateur, en condamnant l'homme à manger pour vivre, l'y invite par l'appétit et l'en récompense par le plaisir.

VI

La gourmandise est un acte de notre jugement, par lequel nous accordons la préférence aux choses qui sont agréables au goût sur celles qui n'ont pas cette qualité.

VII

Le plaisir de la table est de tous les âges, de toutes les conditions, de tous les pays et de tous les jours; il peut s'associer à tous les autres plaisirs, et reste le dernier pour nous consoler de leur perte.

VIII

La table est le seul endroit où l'on ne s'ennuie jamais pendant la première heure.

IX

La découverte d'un mets nouveau fait plus pour le bonheur du genre humain que la découverte d'une étoile.

X

Ceux qui s'indigèrent ou qui s'enivrent ne savent ni boire ni manger.

XI

L'ordre des comestibles est des plus sub-stantiels aux plus légers.

XII

L'ordre des boissons est des plus tem-pérées aux plus fumeuses et aux plus par-fumées.

XIII

Prétendre qu'il ne faut pas changer de vins est une hérésie : la langue se sature, et, après le troisième verre, le meilleur vin n'éveille plus qu'une sensation obtuse.

XIV

Un dessert sans fromage est une belle à qui il manque un œil.

XV

On devient cuisinier, mais on naît rôtisseur.

XVI

La qualité la plus indispensable du cuisinier est l'exactitude ; elle doit être aussi celle du convié.

XVII

Attendre trop long-temps un convive retardaire est un manque d'égards pour tous ceux qui sont présens.

XVIII

Celui qui reçoit ses amis, et ne donne aucun soin personnel au repas qui leur est préparé, n'est pas digne d'avoir des amis.

XIX

La maîtresse de la maison doit toujours s'assurer que le café est excellent; et le maître, que les liqueurs sont de premier choix.

XX

Convier quelqu'un, c'est se charger de son bonheur pendant tout le temps qu'il est sous notre toit.

DIALOGUE

ENTRE L'AUTEUR ET SON AMI

———

(Après les premiers complimens.)

L'AMI.

CE matin, nous avons, en déjeunant, ma femme et moi, arrêté, dans notre sagesse, que vous feriez imprimer au plus tôt vos *Méditations gastronomiques*.

L'AUTEUR.

Ce que femme veut, Dieu le veut. Voilà, en sept mots, toute la charte parisienne. Mais je ne suis pas de la paroisse, et un célibataire...

L'AMI.

Mon Dieu! les célibataires sont tout aussi soumis que les autres, et quelquefois à notre grand pré-

judice. Mais ici le célibat ne peut pas vous sauver,
car ma femme prétend qu'elle a le droit d'ordonner,
parce que c'est chez elle, à la campagne, que vous
avez écrit vos premières pages.

L'AUTEUR.

Tu connais, cher docteur, ma déférence pour
les dames; tu as loué plus d'une fois ma soumission à leurs ordres; tu étais aussi de ceux qui disaient que je ferais un excellent mari; et cependant
je ne ferai pas imprimer.

L'AMI.

Et pourquoi?

L'AUTEUR.

Parce que, voué par état à des études sérieuses,
je crains que ceux qui ne connaîtront mon livre
que par le titre ne croient que je ne m'occupe que
de fariboles.

L'AMI.

Terreur panique! Trente-six ans de travaux publics et continus ne sont-ils pas là pour vous établir une réputation contraire? D'ailleurs, ma femme
et moi, nous croyons que tout le monde voudra
vous lire.

L'AUTEUR.

Vraiment?

L'AMI.

Les savans vous liront, pour deviner et approfondir ce que vous n'avez fait qu'indiquer.

L'AUTEUR.

Cela pourrait bien être.

L'AMI.

Les femmes vous liront, parce qu'elles verront bien que...

L'AUTEUR.

Cher ami, je suis vieux; je suis tombé dans la sagesse : *Miserere mei.*

L'AMI.

Les gourmands vous liront, parce que vous leur rendez justice, et que vous leur assignez enfin le rang qui leur convient dans la société.

L'AUTEUR.

Pour cette fois, tu dis vrai : il est inconcevable qu'ils aient été si long-temps méconnus, ces chers gourmands ! J'ai pour eux des entrailles de père : ils sont si gentils ! ils ont les yeux si brillans !...

2

L'AMI.

D'ailleurs, ne nous avez-vous pas dit souvent que votre ouvrage manquait à nos bibliothèques?

L'AUTEUR.

Je l'ai dit, le fait est vrai, et je me ferais étrangler plutôt que d'en démordre.

L'AMI.

Mais vous parlez en homme tout à fait persuadé, et vous allez venir avec moi chez...

L'AUTEUR.

Oh que non! Si le métier d'auteur a ses douceurs, il a bien aussi ses épines, et je lègue tout cela à mes héritiers.

L'AMI.

Mais vous déshéritez vos amis, vos connaissances, vos contemporains. En aurez-vous bien le courage?

L'AUTEUR.

Mes héritiers! mes héritiers! J'ai ouï dire que les ombres sont singulièrement flattées des louanges des vivans, et c'est une espèce de béatitude que je veux me réserver pour l'autre monde.

L'AMI.

Mais êtes-vous bien sûr que ces louanges iront
à leur adresse? Êtes-vous également assuré de
l'exactitude de vos héritiers?

L'AUTEUR.

Mais je n'ai aucune raison de croire qu'ils pourraient négliger un devoir en faveur duquel je les
dispenserai de bien d'autres.

L'AMI.

Auront-ils, pourront-ils avoir pour votre production cet amour de père, ces attentions d'auteur, sans lesquels un ouvrage se présente toujours
au public avec un certain air gauche?

L'AUTEUR.

Mon manuscrit sera corrigé, mis au net, armé de
toutes pièces; il n'y aura plus qu'à imprimer.

L'AMI.

Et le chapitre des événemens? Hélas! de pareilles circonstances ont occasionné la perte de bien
des ouvrages précieux, et, entre autres, de celui du

fameux Lecat sur l'état de l'âme pendant le sommeil, travail de toute sa vie.

L'AUTEUR.

Ce fut sans doute une grande perte, et je suis bien loin d'aspirer à de pareils regrets.

L'AMI.

Croyez que des héritiers ont bien assez d'affaires pour compter avec l'Église, avec la justice, avec la faculté, avec eux-mêmes, et qu'il leur manquera sinon la volonté, du moins le temps de se livrer aux divers soins qui précèdent, accompagnent et suivent la publication d'un livre, quelque peu volumineux qu'il soit.

L'AUTEUR.

Mais le titre! mais le sujet! mais les mauvais plaisans!

L'AMI.

Le mot seul *gastronomie* fait dresser toutes les oreilles, le sujet est à la mode, et les mauvais plaisans sont aussi gourmands que les autres. Ainsi voilà de quoi vous tranquilliser; d'ailleurs, pouvez-vous ignorer que les plus graves personnages

ont quelquefois fait des ouvrages légers? Le président de Montesquieu, par exemple[1].

L'AUTEUR, *vivement*.

C'est, ma foi, vrai : il a fait *le Temple de Gnide*,
et on pourrait soutenir qu'il y a plus de véritable
utilité à méditer sur ce qui est à la fois le besoin,
le plaisir et l'occupation de tous les jours, qu'à nous
apprendre ce que faisaient ou disaient, il y a plus
de deux mille ans, une paire de morveux dont l'un
poursuivait, dans les bosquets de la Grèce, l'autre,
qui n'avait guère envie de s'enfuir.

L'AMI.

Vous vous rendez donc enfin?

L'AUTEUR.

Moi ! pas du tout : c'est seulement le petit bout
d'oreille d'auteur qui a paru ; et ceci rappelle à ma

---

1. M. de Montucla, connu par une très-bonne *Histoire
des Mathématiques,* avait fait un *Dictionnaire de Géographie
gourmande;* il m'en a montré des fragmens pendant mon
séjour à Versailles. On assure que M. Berriat-Saint-Prix,
qui professe avec distinction la science de la procédure, a
fait un roman en plusieurs volumes.

mémoire une scène de la haute comédie anglaise qui m'a fort amusé; elle se trouve, je crois, dans la pièce intitulée *The Natural Daughter* (la Fille naturelle). Tu vas en juger[1].

Il s'agit de quakers, et tu sais que ceux qui sont attachés à cette secte tutoient tout le monde, sont vêtus simplement, ne vont point à la guerre, ne font jamais de serment, agissent avec flegme, et surtout ne doivent jamais se mettre en colère.

Or le héros de la pièce est un jeune et beau quaker, qui paraît sur la scène avec un habit brun, un grand chapeau rabattu et des cheveux plats : ce qui ne l'empêche pas d'être amoureux.

Un fat, qui se trouve son rival, enhardi par cet extérieur et par les dispositions qu'il lui suppose, le raille, le persifle et l'outrage de manière que le jeune homme, s'échauffant peu à peu, devient furieux, et rosse de main de maître l'impertinent qui le provoque.

L'exécution faite, il reprend subitement son premier maintien, se recueille, et dit, d'un ton affligé :

---

1. Le lecteur a dû s'apercevoir que mon ami se laisse tutoyer, sans réciprocité. C'est que mon âge est au sien comme d'un père à son fils, et que, quoique devenu un homme considérable à tous égards, il serait désolé si je le changeais de nombre.

« Hélas ! je crois que la chair l'a emporté sur l'esprit. »

J'agis de même, et, après un mouvement bien pardonnable, je reviens à mon premier avis.

L'AMI.

Cela n'est plus possible : vous avez, de votre aveu, montré le bout de l'oreille ; il y a de la prise, et je vous mène chez le libraire. Je vous dirai même qu'il en est plus d'un qui a éventé votre secret.

L'AUTEUR.

Ne t'y hasarde pas, car je parlerai de toi, et qui sait ce que j'en dirai ?

L'AMI.

Que pourrez-vous en dire ? Ne croyez pas de m'intimider.

L'AUTEUR.

Je ne dirai pas que notre commune patrie[1] se glorifie de t'avoir donné la naissance ; qu'à vingt-

---

1. Belley, capitale du Bugey, pays charmant, où l'on trouve de hautes montagnes, des collines, des fleuves, des ruisseaux limpides, des cascades, des cataractes, des abîmes, vrai jardin anglais de cent lieues carrées, et où, avant la Révolution, le tiers état avait, par la constitution du pays, le *veto* sur les deux autres ordres.

quatre ans tu avais déjà fait paraître un ouvrage
élémentaire qui depuis lors est demeuré classique ;
qu'une réputation méritée t'attire la confiance ;
que ton extérieur rassure les malades ; que ta dex-
térité les étonne ; que ta sensibilité les console :
tout le monde sait cela ; mais je révélerai à tout
Paris (*me redressant*), à toute la France (*me rengor-
geant*), à l'univers entier, le seul défaut que je te
connaisse.

L'AMI, *d'un ton sérieux.*

Et lequel, s'il vous plaît ?

L'AUTEUR.

Un défaut habituel, dont toutes mes exhorta-
tions n'ont pu te corriger.

L'AMI, *effrayé.*

Dites donc enfin ; c'est trop me tenir à la tor-
ture.

L'AUTEUR.

Tu manges trop vite[1].

(*Ici, l'ami prend son chapeau et sort en souriant,
se doutant bien qu'il a prêché un converti.*)

---

1. Historique.

BIOGRAPHIE

LE docteur que j'ai introduit dans le *Dialogue* qui précède n'est point un être fantastique, comme les Chloris d'autrefois, mais un docteur bel et bien vivant; et tous ceux qui me connaissent auront bientôt deviné le docteur Richerand.

En m'occupant de lui, j'ai remonté jusqu'à ceux qui l'ont précédé, et je me suis aperçu avec orgueil que l'arrondissement de Belley, au département de l'Ain, ma patrie, était depuis long-temps en possession de donner à la capitale du monde des médecins de haute distinction, et je n'ai pas résisté à la tentation de leur élever un modeste monument dans une courte notice.

Dans les jours de la régence, les docteurs Genin et Civoct furent des praticiens de première classe, et firent refluer dans leur patrie une fortune honorablement acquise. Le premier était tout à fait *hippocratique*, et procédait en forme; le second, qui soignait beaucoup de belles dames, était plus **doux**, plus accommodant : *res novas molientem*, eût dit Tacite.

Vers 1750, le docteur La Chapelle se distingua dans la carrière périlleuse de la médecine militaire. On a de lui quelques bons ouvrages, et on lui doit l'importation du traitement des fluxions de poitrine par le beurre frais, méthode qui guérit comme par enchantement quand on s'en sert dans les premières trente-six heures de l'invasion.

Vers 1760, le docteur Dubois obtenait les plus grands succès dans le traitement des vapeurs, maladie pour lors à la mode et tout aussi fréquente que les maux de nerfs qui les ont remplacées. La vogue qu'il obtint était d'autant plus remarquable qu'il était loin d'être beau garçon.

Malheureusement il arriva trop tôt à une fortune indépendante, se laissa couler dans les bras de la paresse, et se contenta d'être convive aimable et conteur tout à fait amusant. Il était d'une constitution robuste, et a vécu plus de quatre-vingt-huit ans, malgré les dîners, ou plutôt grâce aux dîners de l'ancien et du nouveau régime[1].

---

1. Je souriais en écrivant cet article; il rappelait à mon souvenir un grand seigneur académicien dont Fontenelle était chargé de faire l'éloge. Le défunt ne savait autre chose que bien jouer à tous les jeux, et là-dessus le secrétaire perpétuel eut le talent d'asseoir un panégyrique très-bien tourné et de longueur convenable. (Voyez, au surplus, la *Méditation sur le plaisir de la table*, où le docteur est en action.)

Sur la fin du règne de Louis XV, le docteur
Coste, natif de Châtillon, vint à Paris; il était por-
teur d'une lettre de Voltaire pour M. le duc de
Choiseul, dont il eut le bonheur de gagner la bienveillance dès la première visite.

Protégé par ce seigneur et par la duchesse de
Grammont, sa sœur, le jeune Coste perça vite, et,
après peu d'années, Paris commençait à le compter
parmi les médecins de grande espérance.

La même protection qui l'avait produit l'arracha
à cette carrière tranquille et fructueuse pour le
mettre à la tête du service de santé de l'armée que
la France envoyait en Amérique, au secours des
États-Unis, qui combattaient pour leur indépendance.

Après avoir rempli sa mission, le docteur Coste
revint en France, passa à peu près inaperçu les mauvais temps de 1793, et fut élu maire à Versailles,
où on se souvient encore de son administration à
la fois active, douce et paternelle.

Bientôt le Directoire le rappela à l'administration de la médecine militaire; Bonaparte le nomma
l'un des trois inspecteurs généraux du service de la
médecine des armées, et le docteur y fut constamment l'ami, le protecteur et le père des jeunes gens
qui se destinaient à cette carrière. Enfin il fut
nommé médecin de l'hôtel royal des Invalides, et
en a rempli les fonctions jusqu'à sa mort.

D'aussi longs services ne pouvaient pas rester

sans récompense sous le gouvernement des Bour-
bons, et Louis XVIII fit un acte de toute justice en accordant à M. Coste le cordon de Saint-
Michel.

Le docteur Coste est mort, il y a quelques années, en laissant une mémoire vénérée, une fortune
tout à fait philosophique, et une fille unique, épouse
de M. Delalot, qui s'est distingué à la Chambre
des députés par une éloquence vive et profonde,
et qui ne l'a pas empêché de sombrer sous voiles.

Un jour que nous avions dîné chez M. Favre,
curé de Saint-Laurent, notre compatriote, le docteur Coste me raconta la vive querelle qu'il avait
eue ce jour même avec le comte de Cessac, alors
ministre directeur de l'administration de la guerre,
au sujet d'une économie que celui-ci voulait proposer pour faire sa cour à Napoléon.

Cette économie consistait à retrancher aux soldats
malades la moitié de leur portion d'eau panée, et
à faire laver la charpie qu'on ôtait de dessus les
plaies pour la faire servir une seconde ou une troisième fois.

Le docteur s'était élevé avec violence contre des
mesures qu'il qualifiait d'*abominables,* et il était
encore si plein de son sujet qu'il se remit en colère,
comme si l'objet de son courroux eût encore été
présent.

Je n'ai pas pu savoir si le comte avait été réellement converti et avait laissé son économie en porte-

feuille; mais ce qu'il y a de certain, c'est que les soldats malades purent toujours boire à volonté, et qu'on continua à jeter toute charpie qui avait servi.

Vers 1780, le docteur Bordier, né dans les environs d'Ambérieux, vint exercer la médecine à Paris. Sa pratique était douce, son système expectant et son diagnostic sûr.

Il fut nommé professeur en la Faculté de médecine. Son style était simple, mais ses leçons étaient paternelles et fructueuses. Les honneurs vinrent le chercher quand il n'y pensait pas, et il fut nommé médecin de l'impératrice Marie-Louise. Mais il ne jouit pas longtemps de cette place : l'*empire* s'écroula, et le docteur lui-même fut emporté par suite d'un mal de jambe contre lequel il avait lutté toute sa vie.

Le docteur Bordier était d'une humeur tranquille, d'un caractère bienfaisant et d'un commerce sûr.

Vers la fin du XVIIIe siècle parut le docteur Bichat... Bichat, dont tous les écrits portent l'empreinte du génie, qui usa sa vie dans des travaux faits pour avancer la science, qui réunissait l'élan de l'enthousiasme à la patience des esprits bornés, et qui, mort à trente ans, a mérité que des honneurs publics fussent décernés à sa mémoire.

Plus tard, le docteur Montègre porta dans la clinique un esprit philosophique. Il rédigea avec savoir la *Gazette de Santé*, et mourut à quarante ans, dans nos îles, où il était allé afin de compléter les traités qu'il projetait sur la fièvre jaune et le *vomito negro*.

Dans le moment actuel, le docteur Richerand est placé sur les plus hauts degrés de la médecine opératoire, et ses *Élémens de Physiologie* ont été traduits dans toutes les langues. Nommé de bonne heure professeur en la Faculté de Paris, il est investi de la plus auguste confiance. On n'a pas la parole plus consolante, la main plus douce, ni l'acier plus rapide.

Le docteur Récamier, professeur en la même Faculté, siége à côté de son compatriote.

Praticien aussi habile qu'heureux, il conserve des notes de toutes les maladies de ses cliens, et peut, à chaque invasion nouvelle, leur présenter le tableau de toutes les variations de leur existence sanitaire. Le docteur Récamier ne connaît point de cas sans ressources, et des succès inespérés ont souvent couronné ses efforts.

Le présent ainsi assuré, l'avenir se prépare, et sous les ailes de ces puissans professeurs s'élèvent des jeunes gens du même pays, qui promettent de suivre d'aussi honorables exemples.

Déjà les docteurs Janin et Manjot brûlent le pavé de Paris. Le docteur Manjot (rue du Bac, nº 39) s'adonne principalement aux maladies des enfans; ses inspirations sont heureuses, et il doit bientôt en faire part au public.

J'espère que tout lecteur bien né pardonnera
cette digression à un vieillard à qui trente-cinq ans
de séjour à Paris n'ont fait oublier ni son pays ni
ses compatriotes. Il m'en coûte déjà assez de passer sous silence tant de médecins dont la mémoire
subsiste vénérée dans le pays qui les vit naître, et
qui, pour n'avoir pas eu l'avantage de briller sur le
grand théâtre, n'ont eu ni moins de science ni
moins de mérite.

PRÉFACE

Pour offrir au public l'ouvrage que je livre à sa bienveillance, je ne me suis point imposé un grand travail ; je n'ai fait que mettre en ordre des matériaux rassemblés depuis longtemps : c'est une occupation amusante, que j'avais réservée pour ma vieillesse.

En considérant le plaisir de la table sous tous ses rapports, j'ai vu de bonne heure qu'il y avait là-dessus quelque chose de mieux à faire que des livres de cuisine, et qu'il y avait beaucoup à dire sur des fonctions si essentielles, si continues, et qui influent d'une manière si directe sur la santé, sur le bonheur et même sur les affaires.

Cette idée mère une fois arrêtée, tout le reste a coulé de source : j'ai regardé autour de moi, j'ai pris

4

*des notes, et souvent, au milieu des festins les plus
somptueux, le plaisir d'observer m'a sauvé des ennuis
du conviviat.*

*Ce n'est pas que, pour remplir la tâche que je me
suis proposée, il n'ait fallu être physicien, chimiste,
physiologue et même un peu érudit. Mais ces études,
je les avais faites sans la moindre prétention à être
auteur; j'étais poussé par une curiosité louable, par
la crainte de rester en arrière de mon siècle, et par
le désir de pouvoir causer sans désavantage avec les
savans, avec qui j'ai toujours aimé à me trouver*[1].

*Je suis surtout médecin amateur : c'est chez moi
presque une manie, et je compte parmi mes plus
beaux jours celui où, entré par la porte des professeurs, et avec eux, à la thèse de concours du docteur
Cloquet, j'eus le plaisir d'entendre un murmure de
curiosité parcourir l'amphithéâtre, chaque élève demandant à son voisin quel pouvait être le puissant
professeur étranger qui honorait l'assemblée par sa
présence.*

---

1. « Venez dîner avec moi jeudi prochain, me dit un
jour M. Greffulhe ; je vous ferai trouver avec des savans ou
avec des gens de lettres. Choisissez. — Mon choix est fait,
répondis-je, nous dînerons deux fois, » ce qui eut effectivement lieu, et le repas des gens de lettres était notablement
plus délicat et plus soigné. (Voyez la *Méditation* X.)

Il est cependant un autre jour dont le souvenir m'est, je crois, aussi cher : c'est celui où je présentai au conseil d'administration de la Société d'encouragement pour l'industrie nationale mon irrorateur, instrument de mon invention, qui n'est autre chose que la fontaine de compression appropriée à parfumer les appartemens.

J'avais apporté dans ma poche ma machine bien chargée; je tournai le robinet, et il s'en échappa, avec sifflement, une vapeur odorante qui, s'élevant jusqu'au plafond, retombait en gouttelettes sur les personnes et sur les papiers.

C'est alors que je vis avec un plaisir inexprimable les têtes les plus savantes de la capitale se courber sous mon irroration, et je me pâmais d'aise en remarquant que les plus mouillés étaient aussi les plus heureux.

En songeant quelquefois aux graves élucubrations auxquelles la latitude de mon sujet m'a entraîné, j'ai eu sincèrement la crainte d'avoir pu ennuyer : car, moi aussi, j'ai quelquefois bâillé sur les ouvrages d'autrui.

J'ai fait tout ce qui a été en mon pouvoir pour échapper à ce reproche; je n'ai fait qu'effleurer tous les sujets qui ont pu s'y prêter; j'ai semé mon ouvrage d'anecdotes, dont quelques-unes me sont personnelles;

j'ai laissé à l'écart un grand nombre de faits extraor-
dinaires et singuliers, qu'une saine critique doit faire
rejeter; j'ai réveillé l'attention en rendant claires et
populaires certaines connaissances que les savans sem-
blaient s'être réservées. Si, malgré tant d'efforts, je
n'ai pas présenté à mes lecteurs de la science facile à
digérer, je n'en dormirai pas moins sur les deux
oreilles, bien certain que la majorité m'absoudra
sur l'intention.

On pourrait bien me reprocher encore que je laisse
quelquefois trop courir ma plume, et que, quand je
conte, je tombe un peu dans la garrulité. Est-ce ma
faute à moi si je suis vieux? est-ce ma faute si je
suis comme Ulysse, qui avait vu les mœurs et les
villes de beaucoup de peuples? Suis-je donc blâmable
de faire un peu de ma biographie? Enfin, il faut que
le lecteur me tienne compte de ce que je lui fais grâce
de mes Mémoires politiques, qu'il faudrait bien qu'il
lût comme tant d'autres, puisque depuis trente-six
ans je suis aux premières loges pour voir passer les
hommes et les événemens.

Surtout qu'on se garde bien de me ranger parmi
les compilateurs : si j'en avais été réduit là, ma plume se
serait reposée, et je n'en aurais pas vécu moins heureux.

J'ai dit, comme Juvénal :

Semper ego auditor tantum, nunquamne reponam?

et ceux qui s'y connaissent verront facilement qu'également accoutumé au tumulte de la société et au silence du cabinet, j'ai bien fait de tirer parti de l'une et de l'autre de ces positions.

Enfin, j'ai fait beaucoup pour ma satisfaction particulière : j'ai nommé plusieurs de mes amis qui ne s'y attendaient guère ; j'ai rappelé quelques souvenirs aimables ; j'en ai fixé d'autres qui allaient m'échapper, et, comme on dit dans le style familier, j'ai pris mon café.

Peut-être bien qu'un seul lecteur, dans la catégorie des allongés, s'écriera : « J'avais bien besoin de savoir si... A quoi pense-t-il en disant que, etc., etc. » Mais je suis sûr que tous les autres lui imposeront silence, et qu'une majorité imposante accueillera avec bonté ces effusions d'un sentiment louable.

Il me reste quelque chose à dire sur mon style : car le style est tout l'homme, dit Buffon.

Et qu'on ne croie pas que je vienne demander une grâce qu'on n'accorde jamais à ceux qui en ont besoin : il ne s'agit que d'une simple explication.

Je devrais écrire à merveille, car Voltaire, Jean-Jacques, Fénelon, Buffon, et, plus tard, Cochin et d'Aguesseau, ont été mes auteurs favoris ; je les sais par cœur.

Mais peut-être les dieux en ont-ils ordonné autrement; et, s'il est ainsi, voici la cause de la volonté des dieux.

Je connais, plus ou moins bien, cinq langues vivantes : ce qui m'a fait un répertoire immense de mots de toutes livrées.

Quand j'ai besoin d'une expression et que je ne la trouve pas dans la case française, je prends dans la case voisine; et de là pour le lecteur la nécessité de me traduire ou de me deviner : c'est son destin.

Je pourrais bien faire autrement, mais j'en suis empêché par un esprit de système auquel je tiens d'une manière invincible.

Je suis intimement persuadé que la langue française, dont je me sers, est comparativement pauvre. Que faire en cet état? Emprunter ou voler.

Je fais l'un et l'autre, parce que ces emprunts ne sont pas sujets à restitution, et que le vol de mots n'est pas puni par le Code pénal.

On aura une idée de mon audace quand on saura que j'appelle volante (de l'espagnol) tout homme que j'envoie faire une commission, et que j'étais déterminé à franciser le verbe anglais to sip, qui signifie boire à petites reprises, si je n'avais exhumé le mot français siroter, auquel on donnait à peu près la même signification.

Je m'attends bien que les sévères vont crier à Bossuet, à Fénelon, à Racine, à Boileau, à Pascal et autres du siècle de Louis XIV; il me semble les entendre faire un vacarme épouvantable.

A quoi je réponds posément que je suis loin de disconvenir du mérite de ces auteurs, tant nommés que sous-entendus; mais que suit-il de là?... Rien, si ce n'est qu'ayant bien fait avec un instrument ingrat, ils auraient incomparablement mieux fait avec un instrument supérieur. C'est ainsi qu'on doit croire que Tartini aurait encore bien mieux joué du violon si son archet avait été aussi long que celui de Baillot.

Je suis donc du parti des néologues, et même des romantiques : ces derniers découvrent les trésors cachés ; les autres sont comme les navigateurs, qui vont chercher au loin les provisions dont on a besoin.

Les peuples du Nord, et surtout les Anglais, ont sur nous, à cet égard, un immense avantage : le génie n'y est jamais gêné par l'expression ; il crée ou emprunte. Aussi, dans tous les sujets qui admettent la profondeur et l'énergie, nos traducteurs ne font-ils que des copies pâles et décolorées.

J'ai autrefois entendu, à l'Institut, un discours fort gracieux sur le danger du néologisme et sur la nécessité de s'en tenir à notre langue telle qu'elle a été fixée par les auteurs du bon siècle.

Comme chimiste, je passai cet œuvre à la cornue ;

il n'en resta que ceci : Nous avons si bien fait qu'il n'y a pas moyen de mieux faire ni de faire autrement.

Or j'ai vécu assez pour savoir que chaque génération en dit autant, et que la génération suivante ne manque jamais de s'en moquer.

D'ailleurs, comment les mots ne changeraient-ils pas quand les mœurs et les idées éprouvent des modifications continuelles ? Si nous faisons les mêmes choses que les anciens, nous ne les faisons pas de la même manière; et il est des pages entières, dans quelques livres français, qu'on ne pourrait traduire ni en latin ni en grec.

Toutes les langues ont eu leur naissance, leur apogée et leur déclin; et aucune de celles qui ont brillé, depuis Sésostris jusqu'à Philippe-Auguste, n'existe plus que dans les monumens. La langue française aura le même sort, et, en l'an 2825, on ne me lira qu'à l'aide d'un dictionnaire, si toutefois on me lit...

J'ai eu à ce sujet une discussion à coups de canon avec l'aimable M. Andrieux, de l'Académie française.

Je me présentai en bon ordre; je l'attaquai vigoureusement, et je l'aurais pris s'il n'avait fait une prompte retraite, à laquelle je ne mis pas trop d'obstacle, m'étant souvenu, heureusement pour lui, qu'il était chargé d'une lettre dans le nouveau lexique.

Je finis par une observation importante : aussi l'ai-je gardée pour la dernière.

Quand j'écris et parle de moi au singulier, cela suppose une confabulation avec le lecteur : il peut examiner, discuter, douter et même rire; mais, quand je m'arme du redoutable nous, *je professe : il faut se soumettre.*

> I am, sir oracle,
> And hen I open my lips, let no dog bark.

(SHAKESPEAR, *Merchant of Venice*, act. I, sc. ɪ.)

A.J. Lalauze

MÉDITATION PREMIÈRE

DES SENS

———

Les sens sont les organes par lesquels l'homme se met en rapport avec les objets extérieurs.

Nombre des Sens.

1. — On doit en compter au moins six :

La *vue,* qui embrasse l'espace, et nous instruit, par le moyen de la lumière, de l'existence et des couleurs des corps qui nous environnent ;

L'*ouïe,* qui reçoit, par l'intermédiaire de l'air,

l'ébranlement causé par les corps bruyans ou so-
nores;

L'*odorat,* au moyen duquel nous flairons les
odeurs des corps qui en sont doués;

Le *goût,* par lequel nous apprécions tout ce qui
est sapide ou esculent;

Le *toucher,* dont l'objet est la consistance et la
surface des corps;

Enfin le *génésique,* ou *amour physique,* qui entraîne les sexes l'un vers l'autre, et dont le but est
la reproduction de l'espèce.

Il est étonnant que, presque jusqu'à Buffon, un
sens si important ait été méconnu, et soit resté
confondu ou plutôt annexé au *toucher.*

Cependant la sensation dont il est le siège n'a
rien de commun avec celle du tact; il réside dans
un appareil aussi complet que la bouche ou les
yeux, et ce qu'il a de singulier, c'est que, chaque
sexe ayant tout ce qu'il faut pour éprouver cette
sensation, il est néanmoins nécessaire que les
deux se réunissent pour atteindre au but que la
nature s'est proposé; et si le *goût,* qui a pour but
la conservation de l'individu, est incontestablement
un *sens,* à plus forte raison doit-on accorder ce titre
aux organes destinés à la conservation de l'espèce.

Donnons donc au *génésique* la place *sensuelle*
qu'on ne peut lui refuser, et reposons-nous sur
nos neveux du soin de lui assigner son rang.

Mise en action des Sens.

2. — S'il est permis de se porter par l'imagination jusqu'aux premiers momens de l'existence
du genre humain, il est aussi permis de croire que
les premières sensations ont été purement directes,
c'est-à-dire qu'on a vu sans précision, ouï confusé-
ment, flairé sans choix, mangé sans savourer et
joui avec brutalité.

Mais, toutes ces sensations ayant pour centre
commun l'âme, attribut spécial de l'espèce humaine et cause toujours active de perfectibilité,
elles y ont été réfléchies, comparées, jugées, et
bientôt tous les sens ont été amenés au secours les
uns des autres, pour l'utilité et le bien-être du *moi
sensitif*, ou, ce qui est la même chose, de l'*individu*.

Ainsi, le toucher a rectifié les erreurs de la vue;
le son, au moyen de la parole articulée, est devenu
l'interprète de tous les sentimens; le goût s'est
aidé de la vue et de l'odorat; l'ouïe a comparé les
sons, apprécié les distances, et le génésique a envahi les organes de tous les autres sens.

Le torrent des siècles, en roulant sur l'espèce
humaine, a sans cesse amené de nouveaux perfec-
tionnemens, dont la cause, toujours active quoique
presque inaperçue, se trouve dans les réclamations

de nos sens, qui, toujours et tour à tour, demandent à être agréablement occupés.

Ainsi, la vue a donné naissance à la peinture, à la sculpture et aux spectacles de toute espèce;

Le son, à la mélodie, à l'harmonie, à la danse et à la musique, avec toutes ses branches et ses moyens d'exécution;

L'odorat, à la recherche, à la culture et à l'emploi des parfums;

Le goût, à la production, au choix et à la préparation de tout ce qui peut servir d'aliment;

Le toucher, à tous les arts, à toutes les adresses, à toutes les industries;

Le génésique, à tout ce qui peut préparer ou embellir la réunion des sexes, et, depuis François Ier, à l'amour romanesque, à la coquetterie et à la mode, à la coquetterie surtout, qui est née en France, qui n'a de nom qu'en français, et dont l'élite des nations vient chaque jour prendre des leçons dans la capitale de l'univers.

Cette proposition, tout étrange qu'elle paraisse, est cependant facile à prouver, car on ne pourrait s'exprimer avec clarté dans aucune langue ancienne sur ces trois grands mobiles de la société actuelle.

J'avais fait sur ce sujet un dialogue qui n'aurait pas été sans attraits; mais je l'ai supprimé pour laisser à mes lecteurs le plaisir de le faire chacun à sa manière : il y a de quoi déployer de l'esprit, et même de l'érudition, pendant toute une soirée.

Nous avons dit plus haut que le génésique avait envahi les organes de tous les autres sens ; il n'a pas influé avec moins de puissance sur toutes les sciences, et, en y regardant d'un peu près, on verra que tout ce qu'elles ont de plus délicat et de plus ingénieux est dû au désir, à l'espoir ou à la reconnaissance qui se rapportent à l'union des sexes.

Telle est donc, en bonne réalité, la généalogie des sciences, même les plus abstraites, qu'elles ne sont que le résultat immédiat des efforts continus que nous avons faits pour gratifier nos sens.

Perfectionnement des Sens.

3. — Ces sens, nos favoris, sont cependant loin d'être parfaits, et je ne m'arrêterai pas à le prouver. J'observerai seulement que la vue, ce sens si éthéré, et le toucher, qui est à l'autre bout de l'échelle, ont acquis, avec le temps, une puissance addition-nelle très-remarquable.

Par le moyen des *besicles*, l'œil échappe, pour ainsi dire, à l'affaiblissement sénile, qui opprime la plupart des autres organes.

Le *télescope* a découvert des astres jusqu'alors inconnus et inaccessibles à tous nos moyens de

mensuration; il s'est enfoncé à des distances telles
que des corps lumineux et nécessairement immenses
ne se présentent à nous que comme des taches né-
buleuses et presque imperceptibles.

Le *microscope* nous a initiés dans la connaissance
de la configuration intérieure des corps; il nous a
montré une végétation et des plantes dont nous ne
soupçonnions même pas l'existence. Enfin, nous
avons vu des animaux cent mille fois au-dessous du
plus petit de ceux qu'on aperçoit à l'œil nu; ces
animalcules se meuvent cependant, se nourrissent
et se reproduisent : ce qui suppose des organes
d'une ténuité à laquelle l'imagination ne peut pas
atteindre.

D'un autre côté, la *mécanique* a multiplié les
forces; l'homme a exécuté tout ce qu'il a pu concevoir, et a remué des fardeaux que la nature avait
créés inaccessibles à sa faiblesse.

A l'aide des *armes* et du *levier*, l'homme a sub-
jugué toute la nature; il l'a soumise à ses plaisirs,
à ses besoins, à ses caprices; il en a bouleversé la
surface, et un faible bipède est devenu le roi de la
création.

La vue et le toucher, ainsi agrandis dans leur
puissance, pourraient appartenir à une espèce bien
supérieure à l'homme, ou plutôt l'espèce humaine
serait tout autre si tous les sens avaient été ainsi
améliorés.

Il faut remarquer cependant que, si le toucher a acquis un grand développement comme puissance musculaire, la civilisation n'a presque rien fait pour lui comme organe sensitif ; mais il ne faut désespérer de rien, et se ressouvenir que l'espèce humaine est encore bien jeune, et que ce n'est qu'après une longue série de siècles que les sens peuvent agrandir leur domaine.

Par exemple, ce n'est que depuis environ quatre siècles qu'on a découvert l'*harmonie,* science toute céleste, et qui est aux sons ce que la peinture est aux couleurs[1].

Sans doute, les anciens savaient chanter, accompagnés d'instrumens à l'unisson ; mais là se bornaient leurs connaissances : ils ne savaient ni décomposer les sons ni en apprécier les rapports.

Ce n'est que depuis le XVe siècle qu'on a fixé la tonalisation, réglé la marche des accords, et qu'on

---

1. Nous savons qu'on a soutenu le contraire ; mais ce système est sans appui.

Si les anciens avaient connu l'harmonie, leurs écrits nous auraient conservé quelques notions précises à cet égard, au lieu qu'on ne se prévaut que de quelques phrases obscures qui se prêtent à toutes les inductions.

D'ailleurs, on peut suivre la naissance et les progrès de l'harmonie dans les monumens qui nous restent. C'est une obligation que nous avons aux Arabes, qui nous firent présent de l'orgue, qui, faisant entendre à la fois plusieurs sons continus, fit naître la première idée de l'harmonie.

6

s'en est aidé pour soutenir la voix et renforcer l'expression des sentimens.

Cette découverte, si tardive et cependant si naturelle, a dédoublé l'ouïe; elle y a montré deux facultés en quelque sorte indépendantes, dont l'une reçoit les sons, et l'autre en apprécie la résonnance.

Les docteurs allemands disent que ceux qui sont sensibles à l'harmonie ont un sens de plus que les autres.

Quant à ceux pour qui la musique n'est qu'un amas de sons confus, il est bon de remarquer que presque tous chantent faux; et il faut croire ou que chez eux l'appareil auditif est fait de manière à ne recevoir que des vibrations courtes et sans ondulations, ou plutôt que, les deux oreilles n'étant pas au même diapason, la différence en longueur et sensibilité de leurs parties constituantes fait qu'elles ne transmettent au cerveau qu'une sensation obscure et indéterminée, comme deux instrumens qui ne joueraient ni dans le même ton ni dans la même mesure, et ne feraient entendre aucune mélodie suivie.

Les derniers siècles qui se sont écoulés ont aussi donné à la sphère du goût d'importantes extensions : la découverte du sucre et de ses diverses préparations, les liqueurs alcooliques, les glaces, la vanille, le thé, le café, nous ont soumis des saveurs d'une nature jusqu'alors inconnue.

Qui sait si le toucher n'aura pas son tour, et si quelque hasard heureux ne nous ouvrira pas de ce côté-là quelque source de jouissances nouvelles? ce qui est d'autant plus probable que la sensibilité tactile existe par tout le corps, et conséquemment peut partout être excitée.

Puissance du Goût.

4. — On a vu que l'amour physique a envahi toutes les sciences; il agit, en cela, avec cette tyrannie qui le caractérise toujours.

Le goût, cette faculté plus prudente, plus mesurée, quoique non moins active; le goût, disons-nous, est parvenu au même but, avec une lenteur qui assure la durée de ses succès.

Nous nous occuperons ailleurs à en considérer la marche; mais déjà nous pourrons remarquer que celui qui a assisté à un repas somptueux, dans une salle ornée de glaces, de peintures, de sculptures, de fleurs, embaumée de parfums, enrichie de jolies femmes, remplie des sons d'une douce harmonie; celui-là, disons-nous, n'aura pas besoin d'un grand effort d'esprit pour se convaincre que toutes les sciences ont été mises à contribution pour rehausser et encadrer convenablement les jouissances du goût.

But de l'action des Sens.

5. — Jetons maintenant un coup d'œil général
sur le système de nos sens pris dans leur ensemble,
et nous verrons que l'auteur de la création a eu
deux buts, dont l'un est la conséquence de l'autre,
savoir : la conservation de l'individu pour assurer
la durée de l'espèce.

Telle est la destinée de l'homme considéré
comme être sensitif : c'est à cette double fin que se
rapportent toutes ses actions.

L'œil aperçoit les objets extérieurs, révèle les
merveilles dont l'homme est environné, et lui apprend qu'il fait partie d'un grand tout.

L'ouïe perçoit les sons non seulement comme
sensation agréable, mais encore comme avertisse-
ment du mouvement des corps qui peuvent occasionner quelque danger.

La sensibilité veille pour donner, par le moyen
de la douleur, avis de toute lésion immédiate.

La main, ce serviteur fidèle, a non seulement
préparé sa retraite, assuré ses pas, mais encore saisi
de préférence les objets que l'instinct lui fait croire
propres à réparer les pertes causées par l'entretien
de la vie.

L'odorat les explore, car les substances délétères
sont presque toujours de mauvaise odeur.

Alors le goût se décide, les dents sont mises en action, la langue s'unit au palais pour savourer, et bientôt l'estomac commencera l'assimilation.

Dans cet état, une langueur inconnue se fait sentir, les objets se décolorent, le corps plie, les yeux se ferment : tout disparaît, et les sens sont dans un repos absolu.

A son réveil, l'homme voit que rien n'a changé autour de lui ; cependant un feu secret fermente dans son sein, un organe nouveau s'est développé ; il sent qu'il a besoin de partager son existence.

Ce sentiment actif, inquiet, impérieux, est commun aux deux sexes ; il les rapproche, les unit, et, quand le germe d'une existence nouvelle est fécondé, les individus peuvent dormir en paix : ils viennent de remplir le plus saint de leurs devoirs en assurant la durée de l'espèce [1].

Tels sont les aperçus généraux et philosophiques que j'ai cru devoir offrir à mes lecteurs pour les amener naturellement à l'examen plus spécial de l'organe du goût.

---

1. M. de Buffon a peint avec tous les charmes de la plus brillante éloquence les premiers momens de l'existence d'Ève. Appelé à traiter un sujet presque semblable, nous n'avons prétendu donner qu'un dessin au simple trait : les lecteurs sauront bien y ajouter le coloris.

Méditation II.

MÉDITATION II

DU GOUT

Définition du Goût.

6. — Le goût est celui de nos sens qui nous met
en relation avec les corps sapides, au moyen de la
sensation qu'ils causent dans l'organe destiné à les
apprécier.

Le goût, qui a pour excitateurs l'appétit, la faim
et la soif, est la base de plusieurs opérations dont
le résultat est que l'individu croît, se développe, se
conserve et répare les pertes causées par les éva-
porations vitales.

Les corps organisés ne se nourrissent pas tous
de la même manière : l'auteur de la création, également varié dans ses méthodes et sûr dans ses
effets, leur a assigné divers modes de conservation.

Les végétaux, qui se trouvent au bas de l'échelle
des êtres vivans, se nourrissent par des racines qui,
implantées dans le sol natal, choisissent, par le jeu
d'une mécanique particulière, les diverses substances
qui ont la propriété de servir à leur croissance et à
leur entretien.

En remontant un peu plus haut, on rencontre
les corps doués de la vie animale, mais privés de
locomotion ; ils naissent dans un milieu qui favorise
leur existence, et des organes spéciaux en extraient
tout ce qui est nécessaire pour soutenir la portion
de vie et de durée qui leur a été accordée ; ils ne
cherchent pas leur nourriture, la nourriture vient
les chercher.

Un autre mode a été fixé pour la conservation
des animaux qui parcourent l'univers, et dont
l'homme est sans contredit le plus parfait. Un instinct particulier l'avertit qu'il a besoin de se re-
paître ; il cherche, il saisit les objets dans lesquels
il soupçonne la propriété d'apaiser ses besoins ; il
mange, se restaure, et parcourt ainsi dans la vie la
carrière qui lui est assignée.

Le goût peut se considérer sous trois rapports :

Dans l'homme physique, c'est l'appareil au moyen duquel il apprécie les saveurs.

Considéré dans l'homme moral, c'est la sensation qu'excite au centre commun l'organe impressionné par un corps savoureux.

Enfin, considéré dans sa cause matérielle, le goût est la propriété qu'a un corps d'impressionner l'organe et de faire naître la sensation.

Le goût paraît avoir deux usages principaux :

1° Il nous invite, par le plaisir, à réparer les pertes continuelles que nous faisons par l'action de la vie.

2° Il nous aide à choisir, parmi les diverses substances que la nature nous présente, celles qui sont propres à nous servir d'alimens.

Dans ce choix, le goût est puissamment aidé par l'odorat, comme nous le verrons plus tard : car on peut établir comme maxime générale que les substances nutritives ne sont repoussantes ni au goût, ni à l'odorat.

Mécanique du Goût.

7. — Il n'est pas facile de déterminer précisément en quoi consiste l'organe du goût; il est plus compliqué qu'il ne paraît.

Certes, la langue joue un grand rôle dans le mécanisme de la dégustation : car, considérée comme douée d'une force musculaire assez franche, elle sert à gâcher, retourner, pressurer et avaler les alimens.

De plus, au moyen des papilles plus ou moins nombreuses dont elle est parsemée, elle s'imprègne des particules sapides et solubles des corps avec lesquels elle se trouve en contact; mais tout cela ne suffit pas, et plusieurs autres parties adjacentes concourent à compléter la sensation, savoir : les joues, le palais, et surtout la fosse nasale, sur laquelle les physiologistes n'ont peut-être pas assez insisté.

Les joues fournissent la salive, également nécessaire à la mastication et à la formation du bol alimentaire; elles sont, ainsi que le palais, douées d'une portion de facultés appréciatives; je ne sais pas même si, dans certains cas, les gencives n'y participent pas un peu; et, sans l'odoration qui s'opère dans l'arrière-bouche, la sensation du goût serait obtuse et tout à fait imparfaite.

Les personnes qui n'ont pas de langue, ou à qui elle a été coupée, ont encore assez bien la sensation du goût. Le premier cas se trouve dans tous les livres; le second m'a été assez expliqué par un pauvre diable auquel les Algériens avaient coupé la langue pour le punir de ce qu'avec quelques-uns de ses camarades de captivité il avait formé le projet de se sauver et de s'enfuir.

Cet homme, que je rencontrai à Amsterdam, où

7

il gagnait sa vie à faire des commissions, avait eu
quelque éducation, et on pouvait facilement s'en-
tretenir avec lui par écrit.

Après avoir observé qu'on lui avait enlevé toute
la partie antérieure de la langue jusqu'au filet, je
lui demandai s'il trouvait encore quelque saveur
à ce qu'il mangeait, et si la sensation du goût
avait survécu à l'opération cruelle qu'il avait
subie.

Il me répondit que ce qui le fatiguait le plus
était d'avaler (ce qu'il ne faisait qu'avec quelque
difficulté); qu'il avait assez bien conservé le goût;
qu'il appréciait, comme les autres, ce qui était peu
sapide ou agréable; mais que les choses fortement
acides ou amères lui causaient d'intolérables douleurs.

Il m'apprit encore que l'abscision de la langue
était commune dans les royaumes d'Afrique; qu'on
l'appliquait spécialement à ceux qu'on croyait avoir
été chefs de quelque complot, et qu'on avait des
instrumens qui y étaient appropriés. J'aurais voulu
qu'il m'en fît la description; mais il me montra à
cet égard une répugnance tellement douloureuse
que je n'insistai pas.

Je réfléchis sur ce qu'il me disait, et, remontant
aux siècles d'ignorance, où l'on perçait et coupait
la langue aux blasphémateurs, et à l'époque où ces
lois avaient été faites, je me crus en droit de con-

clure qu'elles étaient d'origine africaine et importées par le retour des croisés.

On a vu plus haut que la sensation du goût ré-
sidait principalement dans les papilles de la langue.
Or l'anatomie nous apprend que toutes les langues n'en sont pas également munies, de sorte qu'il
en est telle où l'on en trouve trois fois plus que
dans telle autre. Cette circonstance explique pourquoi, de deux convives assis au même banquet,
l'un est délicieusement affecté, tandis que l'autre a
l'air de ne manger que comme contraint : c'est que
ce dernier a la langue faiblement outillée, et que
l'empire de la saveur a aussi ses aveugles et ses
sourds.

Sensation du Goût.

8. — On a ouvert cinq ou six avis sur la manière
dont s'opère la sensation du goût ; j'ai aussi le mien,
et le voici.

La sensation du goût est une opération chimique qui se fait par voie humide, comme nous di-
sions autrefois, c'est-à-dire qu'il faut que les mo-
lécules sapides soient dissoutes dans un fluide
quelconque pour pouvoir ensuite être absorbées
par les houpes nerveuses, papilles ou suçoirs, qui
tapissent l'intérieur de l'appareil dégustateur.

Ce système, neuf ou non, est appuyé de preuves physiques et presque palpables.

L'eau pure ne cause point la sensation du goût, parce qu'elle ne contient aucune particule sapide. Dissolvez-y un grain de sel, quelques gouttes de vinaigre, la sensation aura lieu.

Les autres boissons, au contraire, nous impressionnent, parce qu'elles ne sont autre chose que des solutions plus ou moins chargées de particules appréciables.

Vainement la bouche se remplirait-elle de particules divisées d'un corps insoluble, la langue éprouverait la sensation du toucher et nullement celle du goût.

Quant aux corps solides et savoureux, il faut que les dents les divisent, que la salive et les autres fluides gustuels les imbibent, et que la langue les presse contre le palais pour en exprimer un suc qui, pour lors suffisamment chargé de sapidité, est apprécié par les papilles dégustatrices, qui délivrent au corps ainsi trituré le passe-port qui lui est nécessaire pour être admis dans l'estomac.

Ce système, qui recevra encore d'autres développemens, répond sans effort aux principales questions qui peuvent se présenter.

Car, si on demande ce qu'on entend par corps sapide, on répond que c'est tout corps soluble et propre à être absorbé par l'organe du goût.

Et, si on demande comment le corps sapide agit, on répond 'qu'il agit toutes les fois qu'il se trouve dans un état de dissolution tel qu'il puisse pénétrer dans les cavités chargées de recevoir et de transmettre la sensation.

En un mot, rien de sapide que ce qui est déjà dissous ou prochainement soluble.

Des Saveurs.

9. — Le nombre des saveurs est infini, car tout corps soluble a une saveur spéciale, qui ne ressemble entièrement à aucune autre.

Les saveurs se modifient, en outre, par leur agrégation simple, double, multiple; de sorte qu'il est impossible d'en faire le tableau, depuis la plus attrayante jusqu'à la plus insupportable, depuis la fraise jusqu'à la coloquinte. Aussi tous ceux qui l'ont essayé ont-ils à peu près échoué.

Ce résultat ne doit pas étonner : car, étant donné qu'il existe des séries indéfinies de saveurs simples, qui peuvent se modifier par leur adjonction réciproque, en tout nombre et en toute quantité, il faudrait une langue nouvelle pour exprimer tous ces effets, des montagnes d'in-folio pour les définir, et des caractères numériques inconnus pour les étiqueter.

Or, comme jusqu'ici il ne s'est encore présenté aucune circonstance où quelque saveur ait dû être appréciée avec une exactitude rigoureuse, on a été forcé de s'en tenir à un petit nombre d'expressions générales, telles que *doux, sucré, acide, acerbe,* et autres pareilles, qui s'expliquent, en dernière analyse, par les deux suivantes : *agréable* ou *désagréable* au goût, et suffisent pour se faire entendre et pour indiquer à peu près la propriété gustuelle du corps sapide dont on s'occupe.

Ceux qui viendront après nous en sauront davantage, et il n'est déjà plus permis de douter que la chimie ne leur révèle les causes ou les élémens primitifs des saveurs.

Influence de l'Odorat sur le Goût.

10. — L'ordre que je me suis prescrit m'a insensiblement amené au moment de rendre à l'odorat les droits qui lui appartiennent, et de reconnaître les services importans qu'il nous rend dans l'appréciation des saveurs : car, parmi les auteurs qui me sont tombés sous la main, je n'en ai trouvé aucun qui me paraisse lui avoir fait pleine et entière justice.

Pour moi, je suis non-seulement persuadé que, sans la participation de l'odorat, il n'y a point de dégustation complète, mais encore je suis tenté de croire que l'odorat et le goût ne forment qu'un seul sens, dont la bouche est le laboratoire, et le nez la cheminée; ou, pour parler plus exactement, dont l'un sert à la dégustation des corps tactiles, et l'autre à la dégustation des gaz.

Ce système peut être rigoureusement défendu; cependant, comme je n'ai point la prétention de faire secte, je ne le hasarde que pour donner à penser à mes lecteurs et pour montrer que j'ai vu de près le sujet que je traite. Maintenant, je continue ma démonstration au sujet de l'importance de l'odorat, sinon comme partie constituante du goût, du moins comme accessoire obligé.

Tout corps sapide est nécessairement odorant : ce qui le place dans l'empire de l'odorat comme dans l'empire du goût.

On ne mange rien sans le sentir avec plus ou moins de réflexion; et, pour les alimens inconnus, le nez fait toujours fonction de sentinelle avancée, qui crie : *Qui va là?*

Quand on intercepte l'odorat, on paralyse le goût : c'est ce qui se prouve par trois expériences, que tout le monde peut vérifier avec un égal succès.

Première expérience. Quand la membrane nasale est irritée par un violent *coryza* (rhume de cerveau), le goût est entièrement oblitéré; on ne trouve aucune saveur à ce qu'on avale, et cependant la langue reste dans son état naturel.

Seconde expérience. Si on mange en se serrant le nez, on est tout étonné de n'éprouver la sensation du goût que d'une manière obscure et imparfaite : par ce moyen, les médicamens les plus repoussans passent presque inaperçus.

Troisième expérience. On observe le même effet si, au moment où l'on avale, au lieu de laisser revenir la langue à sa place naturelle, on continue à la tenir attachée au palais : en ce cas, on intercepte la circulation de l'air, l'odorat n'est point frappé, et la gustation n'a pas lieu.

Ces divers effets dépendent de la même cause, le défaut de coopération de l'odorat, ce qui fait que le corps sapide n'est apprécié que pour son suc, et non pour le gaz odorant qui en émane.

Analyse de la sensation du Goût.

11. — Les principes étant ainsi posés, je regarde comme certain que le goût donne lieu à des sensations de trois ordres différens, savoir : la sensation *directe,* la sensation *complète* et la sensation *réfléchie.*

La sensation *directe* est ce premier aperçu qui naît du travail immédiat des organes de la bouche pendant que le corps appréciable se trouve encore sur la langue antérieure.

La sensation *complète* est celle qui se compose de ce premier aperçu et de l'impression qui naît quand l'aliment abandonne cette première position, passe dans l'arrière-bouche, et frappe tout l'organe par son goût et par son parfum.

Enfin, la sensation *réfléchie* est le jugement que porte l'âme sur les impressions qui lui sont transmises par l'organe.

Mettons ce système en action, en voyant ce qui se passe dans l'homme qui mange ou qui boit.

Celui qui mange une pêche, par exemple, est d'abord agréablement frappé par l'odeur qui en émane; il la met dans sa bouche, et éprouve une sensation de fraîcheur et d'acidité qui l'engage à continuer; mais ce n'est qu'au moment où il avale et que la bouchée passe sous la fosse nasale que le parfum lui est révélé : ce qui complète la sensation que doit causer une pêche. Enfin, ce n'est que lorsqu'il a avalé que, jugeant ce qu'il vient d'éprouver, il se dit à lui-même : « Voilà qui est délicieux ! »

Pareillement, quand on boit, tant que le vin est dans la bouche, on est agréablement, mais non parfaitement impressionné; ce n'est qu'au moment où l'on cesse d'avaler qu'on peut véritablement goûter, apprécier et découvrir le parfum particulier

8

à chaque espèce; et il faut un petit intervalle de temps pour que le gourmet puisse dire : « Il est bon, passable ou mauvais. Peste! c'est du chambertin! Oh! mon Dieu! c'est du suresnes! »

On voit par là que c'est conséquemment aux principes, et par suite d'une pratique bien entendue, que les vrais amateurs *sirotent* leur vin (*they sip it*) : car, à chaque gorgée, quand ils s'arrêtent, ils ont la somme entière du plaisir qu'ils auraient éprouvé s'ils avaient bu le verre d'un seul trait.

La même chose se passe encore, mais avec bien plus d'énergie, quand le goût doit être désagréablement affecté.

Voyez ce malade que la Faculté contraint à s'ingérer un énorme verre d'une médecine noire, telle qu'on les buvait sous le règne de Louis XIV.

L'odorat, moniteur fidèle, l'avertit de la saveur repoussante de la liqueur traîtresse; ses yeux s'arrondissent, comme à l'approche du danger; le dégoût est sur ses lèvres, et déjà son estomac se soulève. Cependant on l'exhorte; il s'arme de courage, se gargarise d'eau-de-vie, se serre le nez, et boit...

Tant que le breuvage empesté remplit la bouche et tapisse l'organe, la sensation est confuse et l'état supportable; mais, à la dernière gorgée, les arrière-goûts se développent, les odeurs nauséabondes agissent, et tous les traits du patient expriment une horreur et un dégoût que la peur de la mort peut seule faire affronter.

S'il est question, au contraire, d'une boisson insipide, comme, par exemple, un verre d'eau, on n'a ni goût ni arrière-goût, on n'éprouve rien, on ne pense à rien : on a bu, et voilà tout.

Ordre des diverses impressions du Goût.

12. — Le goût n'est pas si richement doté que l'ouïe : celle-ci peut entendre et comparer plusieurs sons à la fois ; le goût, au contraire, est simple en actualité, c'est-à-dire qu'il ne peut être impressionné par deux saveurs en même temps.

Mais il peut être double, et même multiple, par succession, c'est-à-dire que dans le même acte de gutturation on peut éprouver successivement une seconde et même une troisième sensation, qui vont en s'affaiblissant graduellement, et qu'on désigne par les mots arrière-goût, parfum ou fragrance ; de la même manière que, lorsqu'un son principal est frappé, une oreille exercée y distingue une ou plusieurs séries de consonances, dont le nombre n'est pas encore parfaitement connu.

Ceux qui mangent vite et sans attention ne discernent pas les impressions du second degré ; elles sont l'apanage exclusif du petit nombre d'élus, et

c'est par leur moyen qu'ils peuvent classer par ordre
d'excellence les diverses substances soumises à leur
examen.

Ces nuances fugitives vibrent encore longtemps
dans l'organe du goût; les professeurs prennent,
sans s'en douter, une position appropriée; et c'est
toujours le col allongé et le nez à bâbord qu'ils
rendent leurs arrêts.

Jouissances dont le Goût est l'occasion.

13. — Jetons maintenant un coup d'œil philosophique sur le plaisir ou la peine dont le goût
peut être l'occasion.

Nous trouvons d'abord l'application de cette
vérité malheureusement trop générale, savoir que
l'homme est bien plus fortement organisé pour la
douleur que pour le plaisir.

Effectivement, l'injection des substances acerbes,
âcres ou amères au dernier degré, peut nous faire
essuyer des sensations extrêmement pénibles ou
douloureuses. On prétend même que l'acide hydro-
cyanique ne tue si promptement que parce qu'il
cause une douleur si vive que les forces vitales ne
peuvent la supporter sans s'éteindre.

Les sensations agréables ne parcourent, au contraire, qu'une échelle peu étendue; et, s'il y a une

différence assez sensible entre ce qui est insipide
et ce qui flatte le goût, l'intervalle n'est pas très-
grand entre ce qui est reconnu pour bon et ce qui
est réputé excellent ; ce qui est éclairci par l'exemple suivant : *premier terme*, un boüilli sec et dur;
deuxième terme, un morceau de veau; *troisième
terme*, un faisan cuit à point.

Cependant le goût, tel que la nature nous l'a
accordé, est encore celui de nos sens qui, tout bien
considéré, nous procure le plus de jouissances :

1º Parce que le plaisir de manger est le seul qui,
pris avec modération, ne soit pas suivi de fatigue;

2º Parce qu'il est de tous les temps, de tous les
âges et de toutes les conditions;

3º Parce qu'il revient nécessairement au moins
une fois par jour, et qu'il peut être répété sans in-
convénient deux ou trois fois dans cet espace de
temps;

4º Parce qu'il peut se mêler à tous les autres, et
même nous consoler de leur absence;

5º Parce que les impressions qu'il reçoit sont à
la fois plus durables et plus dépendantes de notre
volonté;

6º Enfin, parce qu'en mangeant nous éprouvons
un certain bien-être indéfinissable et particulier,
qui vient de la conscience instinctive que, par cela
même que nous mangeons, nous réparons nos pertes
et nous prolongeons notre existence.

C'est ce qui sera plus amplement développé au chapitre où nous traiterons spécialement *du Plaisir de la table,* pris au point où la civilisation actuelle l'a amené.

Suprématie de l'Homme.

14. — Nous avons été élevés dans la douce croyance que, de toutes les créatures qui marchent, nagent, rampent ou volent, l'homme est celle dont le goût est le plus parfait.

Cette foi est menacée d'être ébranlée.

Le docteur Gall, fondé sur je ne sais quelles inspections, prétend qu'il est des animaux chez qui l'appareil gustuel est plus développé, et partant plus parfait, que celui de l'homme.

Cette doctrine est malsonnante et sent l'hérésie.

L'homme, de droit divin roi de toute la nature, et au profit duquel la terre a été couverte et peuplée, doit nécessairement être muni d'un organe qui puisse le mettre en rapport avec tout ce qu'il y a de sapide chez ses sujets.

La langue des animaux ne passe pas la portée de leur intelligence : dans les poissons, ce n'est qu'un os mobile ; dans les oiseaux, généralement un cartilage membraneux ; dans les quadrupèdes, elle est souvent revêtue d'écailles ou d'aspérités, et d'ailleurs elle n'a point de mouvemens circonflexes.

La langue de l'homme, au contraire, par la délicatesse de sa contexture et des diverses membranes dont elle est environnée et avoisinée, annonce assez la sublimité des opérations auxquelles elle est destinée.

J'y ai, en outre, découvert au moins trois mouvemens inconnus aux animaux, et que je nomme mouvemens de *spication*, de *rotation*, et de *verrition* (*a verreo*, lat., je balaye). Le premier a lieu quand la langue sort en forme d'épi d'entre les lèvres qui la compriment; le second, quand la langue se meut circulairement dans l'espace compris entre l'intérieur des joues et le palais; le troisième, quand la langue, se recourbant en dessus ou en dessous, ramasse les portions qui peuvent rester dans le canal demi-circulaire formé par les lèvres et les gencives.

Les animaux sont bornés dans leurs goûts : les uns ne vivent que de végétaux; d'autres ne mangent que de la chair; d'autres se nourrissent exclusivement de graines : aucun d'eux ne connaît les saveurs composées.

L'homme, au contraire, est *omnivore;* tout ce qui est mangeable est soumis à son vaste appétit, ce qui entraîne pour conséquence immédiate des pouvoirs dégustateurs proportionnés à l'usage général qu'il doit en faire. Effectivement, l'appareil du goût est d'une rare perfection chez l'homme; et, pour bien nous en convaincre, voyons-le manœuvrer.

Dès qu'un corps esculent est introduit dans la bouche, il est confisqué, gaz et sucs, sans retour.

Les lèvres s'opposent à ce qu'il rétrograde; les dents s'en emparent et le broient; la salive l'imbibe, la langue le gâche et le retourne, un mouvement aspiratoire le pousse vers le gosier; la langue se soulève pour le faire glisser; l'odorat le flaire en passant, et il est précipité dans l'estomac pour y subir des transformations ultérieures, sans que dans toute cette opération il se soit échappé une parcelle, un goutte ou un atome, qui n'ait pas été soumis au pouvoir appréciateur.

C'est aussi par suite de cette perfection que la gourmandise est l'apanage exclusif de l'homme.

Cette gourmandise est même contagieuse, et nous la transmettons assez promptement aux animaux que nous avons appropriés à notre usage, et qui font en quelque sorte société avec nous, tels que les éléphans, les chiens, les chats, et même les perroquets.

Si quelques animaux ont la langue plus grosse, le palais plus développé, le gosier plus large, c'est que cette langue, agissant comme muscle, est destinée à remuer de grands poids; le palais à presser, le gosier à avaler de plus grosses portions; mais toute analogie bien entendue s'oppose à ce qu'on puisse en induire que le sens est plus parfait.

D'ailleurs, le goût ne devant s'estimer que par la nature de la sensation qu'il porte au centre commun, l'impression reçue par l'animal ne peut pas se comparer à celle qui a lieu dans l'homme : cette dernière, étant à la fois plus claire et plus précise, suppose nécessairement une qualité supérieure dans l'organe qui la transmet.

Enfin, que peut-on désirer dans une faculté susceptible d'un tel point de perfection que les gourmands de Rome distinguaient au goût le poisson pris entre les ponts de celui qui avait été pêché plus bas? N'en voyons-nous pas, de nos jours, qui ont découvert la saveur supérieure de la cuisse sur laquelle la perdrix s'appuie en dormant? Et ne sommes-nous pas environnés de gourmets qui peuvent indiquer la latitude sous laquelle un vin a mûri, tout aussi sûrement qu'un élève de Biot ou d'Arago sait prédire une éclipse?

Que s'ensuit-il de là? Qu'il faut rendre à César ce qui est à César, proclamer l'homme *le grand gourmand de la nature,* et ne pas s'étonner si le bon docteur fait quelquefois comme Homère : *Auch zuweiller schlaffert der guter G****.

9

Méthode adoptée par l'auteur.

15. — Jusqu'ici nous n'avons examiné le goût que sous le rapport de sa constitution physique, et, à quelques détails anatomiques près, que peu de personnes regretteront, nous nous sommes tenu au niveau de la sienne. Mais là ne finit pas la tâche que nous nous sommes imposée, car c'est surtout de son histoire morale que ce sens réparateur tire son importance et sa gloire.

Nous avons donc rangé suivant un ordre analytique les théories et les faits qui composent l'ensemble de cette histoire, de manière qu'il puisse en résulter de l'instruction sans fatigue.

C'est ainsi que, dans les chapitres qui vont suivre, nous montrerons comment les sensations, à force de se répéter et de se réfléchir, ont perfectionné l'organe et étendu la sphère de ses pouvoirs; comment le besoin de manger, qui n'était d'abord qu'un instinct, est devenu une passion influente, qui a pris un ascendant marqué sur tout ce qui tient à la société.

Nous dirons aussi comment toutes les sciences qui s'occupent de la composition des corps se sont accordées pour classer et mettre à part ceux de ces corps qui sont appréciables par le goût, et comment les voyageurs ont marché vers le même but en soumettant à nos essais les substances que la nature ne semblait pas avoir destinées à jamais se rencontrer.

Nous suivrons la chimie au moment où elle a pénétré dans nos laboratoires souterrains pour y éclairer nos préparateurs, poser des principes, créer des méthodes et dévoiler des causes qui jusque-là étaient restées occultes.

Enfin, nous verrons comment, par le pouvoir combiné du temps et de l'expérience, une science nouvelle nous est tout à coup apparue, qui nourrit, restaure, conserve, persuade, console, et, non contente de jeter à pleines mains des fleurs sur la carrière de l'individu, contribue encore puissamment à la force et à la prospérité des empires.]

Si, au milieu de ces graves élucubrations, une anecdote piquante, un souvenir aimable, quelque aventure d'une vie agitée, se présentent au bout de la plume, nous la laisserons couler, pour reposer un peu l'attention de nos lecteurs; de nos lecteurs, dont le nombre ne nous effraye point, et avec lesquels, au contraire, nous nous plairons à confabuler: car, si ce sont des hommes, nous sommes sûrs qu'ils sont aussi indulgens qu'instruits; et, si ce sont des dames, elles sont nécessairement charmantes.

Ici le professeur, plein de son sujet, laissa tomber sa main, et s'éleva dans les hautes régions.

Il remonta le torrent des âges, et prit dans leur berceau les sciences qui ont pour but la gratification du goût ; il en suivit les progrès à travers la nuit des temps, et, voyant que, pour les jouissances qu'elles nous procurent, les premiers siècles ont toujours été moins avantagés que ceux qui les ont suivis, il saisit sa lyre, et chanta, sur le mode dorien, la mélopée historique qu'on trouvera parmi les *Variétés*. (Voyez à la fin du second volume.)

Méditation III.

MÉDITATION III

DE LA GASTRONOMIE

Origine des Sciences.

16. — Les sciences ne sont pas comme Minerve, qui sortit tout armée du cerveau de Jupiter ; elles sont filles du Temps, et se forment insensiblement, d'abord par la collection des méthodes indiquées par l'expérience, et plus tard par la découverte des principes qui se déduisent de la combinaison de ces méthodes.

Ainsi, les premiers vieillards que leur prudence

fit appeler auprès du lit des malades, ceux que la compassion poussa à soigner les plaies, furent aussi les premiers médecins.

Les bergers d'Égypte qui observèrent que quelques astres, après une certaine période, venaient correspondre au même endroit du ciel, furent les premiers astronomes.

Celui qui, le premier, exprima, par des caractères, cette proposition si simple : *Deux plus deux égalent quatre,* créa les mathématiques, cette science si puissante, et qui a véritablement élevé l'homme sur le trône de l'univers.

Dans le cours des soixante dernières années qui viennent de s'écouler, plusieurs sciences nouvelles sont venues prendre place dans le système de nos connaissances, et entre autres la stéréotomie, la géométrie descriptive et la chimie des gaz.

Toutes ces sciences, cultivées pendant un nombre infini de générations, feront des progrès d'autant plus sûrs que l'imprimerie les affranchit du danger de reculer. Eh! qui sait, par exemple, si la chimie des gaz ne viendra pas à bout de maîtriser ces élémens jusqu'à présent si rebelles, de les mêler, de les combiner dans des proportions jusqu'ici non tentées, et d'obtenir par ce moyen des substances et des effets qui reculeraient de beaucoup les limites de nos pouvoirs?

Origine de la Gastronomie.

1 7. — La Gastronomie s'est présentée à son tour, et toutes ses sœurs se sont approchées pour lui faire place.

Eh! que pouvait-on refuser à celle qui nous soutient de la naissance au tombeau, qui accroît les délices de l'amour et la confiance de l'amitié, qui désarme la haine, facilite les affaires, et nous offre, dans le court trajet de la vie, la seule jouissance qui, n'étant pas suivie de fatigue, nous délasse encore de toutes les autres?

Sans doute, tant que les préparations ont été exclusivement confiées à des serviteurs salariés, tant que le secret en est resté dans les souterrains, tant que les cuisiniers seuls se sont réservé cette matière et qu'on n'a écrit que des dispensaires, les résultats de ces travaux n'ont été que les produits d'un art.

Mais enfin, trop tard peut-être, les savans se sont approchés.

Ils ont examiné, analysé et classé les substances alimentaires, et les ont réduites à leurs plus simples élémens.

Ils ont sondé les mystères de l'assimilation, et, suivant la matière inerte dans ses métamorphoses, ils ont vu comment elle pouvait prendre vie.

Ils ont suivi la diète dans ses effets passagers ou permanens, sur quelques jours, sur quelques mois ou sur toute la vie.

Ils ont apprécié son influence jusque sur la faculté de penser, soit que l'âme se trouve impressionnée par les sens, soit qu'elle sente sans le secours de ces organes, et de tous ces travaux ils ont déduit une haute théorie qui embrasse tout l'homme et toute la partie de la création qui peut s'animaliser.

Tandis que toutes ces choses se passaient dans les cabinets des savans, on disait tout haut dans les salons que la science qui nourrit les hommes vaut bien au moins celle qui enseigne à les faire tuer ; les poètes chantaient les plaisirs de la table, et les livres qui avaient la bonne chère pour objet présentaient des vues plus profondes et des maximes d'un intérêt plus général.

Telles sont les circonstances qui ont précédé l'avènement de la gastronomie.

Définition de la Gastronomie.

18. — La gastronomie est la connaissance raisonnée de tout ce qui a rapport à l'homme, en tant qu'il se nourrit.

Son but est de veiller à la conservation des

hommes, au moyen de la meilleure nourriture possible.

Elle y parvient en dirigeant par des principes certains tous ceux qui recherchent, fournissent ou préparent les choses qui peuvent se convertir en alimens.

Ainsi, c'est elle, à vrai dire, qui fait mouvoir les cultivateurs, les vignerons, les pêcheurs, les chasseurs et la nombreuse famille des cuisiniers, quel que soit le titre ou la qualification sous laquelle ils déguisent leur emploi à la préparation des alimens.

La gastronomie tient :

A l'histoire naturelle, par la classification qu'elle fait des substances alimentaires ;

A la physique, par l'examen de leurs compositions et de leurs qualités ;

A la chimie, par les diverses analyses et décompositions qu'elle leur fait subir ;

A la cuisine, par l'art d'apprêter les mets et de les rendre agréables au goût ;

Au commerce, par la recherche des moyens d'acheter au meilleur marché possible ce qu'elle consomme, et de débiter le plus avantageusement ce qu'elle présente à vendre ;

Enfin à l'économie politique, par les ressources qu'elle présente à l'impôt et par les moyens d'échange qu'elle établit entre les nations.

10

La gastronomie régit la vie tout entière : car les pleurs du nouveau-né appellent le sein de sa nourrice, et le mourant reçoit encore avec quelque plaisir la potion suprême qu'hélas! il ne doit plus digérer.

Elle s'occupe aussi de tous les états de la société : car, si c'est elle qui dirige les banquets des rois rassemblés, c'est encore elle qui a calculé le nombre de minutes d'ébullition qui est nécessaire pour qu'un œuf frais soit cuit à point.

Le sujet matériel de la gastronomie est tout ce qui peut être mangé; son but direct, la conservation des individus; et ses moyens d'exécution, la culture, qui produit; le commerce, qui échange; l'industrie, qui prépare, et l'expérience, qui invente les moyens de tout disposer pour le meilleur usage.

Objets divers dont s'occupe la Gastronomie.

19. — La gastronomie considère le goût dans ses jouissances comme dans ses douleurs; elle a découvert les excitations graduelles dont il est susceptible; elle en a régularisé l'action, et a posé les limites que l'homme qui se respecte ne doit jamais outre-passer.

Elle considère aussi l'action des alimens sur le moral de l'homme, sur son imagination, son esprit, son jugement, son courage et ses perceptions, soit qu'il veille, soit qu'il dorme, soit qu'il agisse, soit qu'il se repose.

C'est la gastronomie qui fixe le point d'escu-
lence de chaque substance alimentaire, car toutes
ne sont pas présentables dans les mêmes circonstances.

Les unes doivent être prises avant que d'être
parvenues à leur entier développement, comme les
câpres, les asperges, les cochons de lait, les pigeons
à la cuiller, et autres animaux qu'on mange dans
leur premier âge; d'autres, au moment où elles ont
atteint toute la perfection qui leur est destinée,
comme les melons, la plupart des fruits, le mouton,
le bœuf et tous les animaux adultes; d'autres, quand
elles commencent à se décomposer, telles que les
nèfles, la bécasse, et surtout le faisan; d'autres enfin, après que les opérations de l'art leur ont ôté
leurs qualités malfaisantes, telles que la pomme de
terre, le manioc et autres.

C'est encore la gastronomie qui classe ces substances d'après leurs qualités diverses, qui indique
celles qui peuvent s'associer, et qui, mesurant leurs
divers degrés d'alibilité, distingue celles qui doivent
faire la base de nos repas d'avec celles qui n'en sont
que des accessoires, et d'avec celles encore qui,
n'étant déjà plus nécessaires, sont cependant une
distraction agréable et deviennent l'accompagne-
ment obligé de la confabulation conviviale.

Elle ne s'occupe pas avec moins d'intérêt des
boissons qui nous sont destinées, suivant le temps,
les lieux et les climats. Elle enseigne à les préparer,
à les conserver, et surtout à les présenter dans un
ordre tellement calculé que la jouissance qui en résulte aille toujours en augmentant, jusqu'au moment
où le plaisir finit et où l'abus commence.

C'est la gastronomie qui inspecte les hommes et
les choses, pour transporter d'un pays à l'autre
tout ce qui mérite d'être connu, et qui fait qu'un
festin savamment ordonné est comme un abrégé
du monde, où chaque partie figure par ses repré-
sentans.

Utilité des connaissances gastronomiques.

20. — Les connaissances gastronomiques sont
nécessaires à tous les hommes, puisqu'elles tendent
à augmenter la somme de plaisir qui leur est destinée. Cette utilité augmente en proportion de ce
qu'elle est appliquée à des classes plus aisées de la
société; enfin elles sont indispensables à ceux qui,
jouissant d'un grand revenu, reçoivent beaucoup
de monde, soit qu'en cela ils fassent acte d'une
représentation nécessaire, soit qu'ils suivent leur
inclination, soit enfin qu'ils obéissent à la mode.

Ils y trouvent cet avantage spécial qu'il y a, de

leur part, quelque chose de personnel dans la manière dont leur table est tenue ; qu'ils peuvent surveiller, jusqu'à un certain point, les dépositaires forcés de leur confiance, et même les diriger en beaucoup d'occasions.

Le prince de Soubise avait un jour l'intention de donner une fête ; elle devait se terminer par un souper, et il en avait demandé le menu.

Le maître d'hôtel se présente à son lever avec une belle pancarte à vignettes, et le premier article sur lequel le prince jeta les yeux fut celui-ci : *Cinquante jambons*. « Eh quoi ! Bertrand, dit-il, je crois que tu extravagues. Cinquante jambons ! veux-tu donc régaler tout mon régiment ? — Non, mon prince ; il n'en paraîtra qu'un sur la table ; mais le surplus ne m'est pas moins nécessaire pour mon espagnole, mes blonds, mes garnitures, mes... — Bertrand, vous me volez, et cet article ne passera pas. — Ah ! Monseigneur, dit l'artiste pouvant à peine retenir sa colère, vous ne connaissez pas nos ressources. Ordonnez, et ces cinquante jambons qui vous offusquent, je vais les faire entrer dans un flacon de cristal pas plus gros que le pouce. »

Que répondre à une assertion aussi positive ! Le prince sourit, baissa la tête, et l'article passa.

Influence de la Gastronomie sur les affaires.

21. — On sait que, chez les hommes encore
voisins de l'état de nature, aucune affaire de quelque importance ne se traite qu'à table : c'est au milieu des festins que les sauvages décident la guerre
ou font la paix, et, sans aller si loin, nous voyons
que les villageois font toutes leurs affaires au
cabaret.

Cette observation n'a pas échappé à ceux qui
ont souvent à traiter les plus grands intérêts. Ils ont
vu que l'homme repu n'était pas le même que
l'homme à jeun ; que la table établissait une espèce
de lien entre celui qui traite et celui qui est traité ;
qu'elle rendait les convives plus aptes à recevoir
certaines impressions, à se soumettre à de certaines
influences : de là est née la gastronomie politique.
Les repas sont devenus un moyen de gouvernement,
et le sort des peuples s'est décidé dans un banquet.
Ceci n'est ni un paradoxe, ni même une nouveauté,
mais une simple observation de faits. Qu'on ouvre
tous les historiens depuis Hérodote jusqu'à nos
jours, et on verra que, sans même en excepter les
conspirations, il ne s'est jamais passé un grand événement qui n'ait été conçu, préparé et ordonné
dans les festins.

Académie des Gastronomes.

22. — Tel est, au premier aperçu, le domaine de la gastronomie, domaine fertile en résultats de toute espèce, et qui ne peut que s'agrandir par les découvertes et les travaux des savans qui vont le cultiver : car il est impossible qu'avant le laps de peu d'années, la gastronomie n'ait pas ses académiciens, ses cours, ses professeurs et ses propositions de prix.

D'abord, un gastronome riche et zélé établira chez lui des assemblées périodiques, où les plus savans théoriciens se réuniront aux artistes pour discuter et approfondir les diverses parties de la science alimentaire.

Bientôt (et telle est l'histoire de toutes les académies) le gouvernement interviendra, régularisera, protégera, instituera, et saisira l'occasion de donner au peuple une compensation pour tous les orphelins que le canon a faits, pour toutes les Arianes que la générale a fait pleurer.

Heureux le dépositaire du pouvoir qui attachera son nom à cette institution si nécessaire! Ce nom sera répété d'âge en âge avec ceux de Noé, de Bacchus, de Triptolème et des autres bienfaiteurs

de l'humanité; il sera parmi les ministres ce que
Henri IV est parmi les rois et, son éloge sera dans
toutes les bouches sans qu'aucun règlement en
fasse une nécessité.

MÉDITATION IV

DE L'APPÉTIT

Définition de l'Appétit.

23. — Le mouvement et la vie occasionnent dans le corps vivant une déperdition continuelle de substance, et le corps humain, cette machine si compliquée, serait bientôt hors de service si la Providence n'y avait placé un ressort qui l'avertit du moment où ses forces ne sont plus en équilibre avec ses besoins.

Ce moniteur est l'appétit. On entend par ce mot la première impression du besoin de manger.

L'appétit s'annonce par un peu de langueur dans l'estomac et une légère sensation de fatigue.

En même temps l'âme s'occupe d'objets analogues à ses besoins, la mémoire se rappelle les choses qui ont flatté le goût ; l'imagination croit les voir : il y a là quelque chose qui tient du rêve. Cet état n'est pas sans charmes, et nous avons entendu des milliers d'adeptes s'écrier, dans la joie de leur cœur : « Quel plaisir d'avoir un bon appétit, quand on a la certitude de faire bientôt un excellent repas ! »

Cependant l'appareil nutritif s'émeut tout entier : l'estomac devient sensible, les sucs gastriques s'exaltent, les gaz intérieurs se déplacent avec bruit, la bouche se remplit de sucs, et toutes les puissances digestives sont sous les armes, comme des soldats qui n'attendent plus que le commandement pour agir. Encore quelques momens, on aura des mouvemens spasmodiques, on bâillera, on souffrira, on aura faim.

On peut observer toutes les nuances de ces divers états dans tout salon où le dîner se fait attendre.

Elles sont tellement dans la nature que la politesse la plus exquise ne peut pas en déguiser les symptômes ; d'où j'ai dégagé cet apophthegme : *De toutes les qualités du cuisinier, la plus indispensable est l'exactitude.*

Anecdote.

24. — J'appuie cette grave maxime par les détails d'une observation faite dans une réunion dont je faisais partie,

Quorum pars magna fui,

et où le plaisir d'observer me sauva des angoisses de la misère.

J'étais un jour invité à dîner chez un haut fonctionnaire public. Le billet d'invitation était pour cinq heures et demie, et au moment indiqué tout le monde était rendu : car on savait qu'il aimait qu'on fût exact et grondait quelquefois les paresseux.

Je fus frappé, en arrivant, de l'air de consternation que je vis régner dans l'assemblée ; on se parlait à l'oreille, on regardait dans la cour à travers les carreaux de la croisée ; quelques visages annonçaient la stupeur : il était certainement arrivé quelque chose d'extraordinaire.

Je m'approchai de celui des convives que je crus le plus en état de satisfaire ma curiosité, et lui demandai ce qu'il y avait de nouveau. « Hélas ! me répondit-il avec l'accent de la plus profonde affliction, monseigneur vient d'être mandé au conseil

d'État ; il part en ce moment, et qui sait quand il
reviendra ! — N'est-ce que cela ? répondis-je d'un
air d'insouciance qui était bien loin de mon cœur.
C'est tout au plus l'affaire d'un quart d'heure :
quelques renseignemens dont on aura eu besoin ;
on sait bien qu'il y a ici aujourd'hui dîner officiel,
on n'a aucune raison pour nous faire jeûner. » Je
parlais ainsi ; mais, au fond de l'âme, je n'étais pas
sans inquiétude, et j'aurais voulu être bien loin.

La première heure se passa assez bien : on s'as-
sit auprès de ceux avec qui on était lié, on épuisa
les sujets banaux de conversation, et on s'amusa à
faire des conjectures sur la cause qui avait pu faire
appeler aux Tuileries notre cher amphitryon.

A la seconde heure, on commença à apercevoir
quelques symptômes d'impatience ; on se regardait
avec inquiétude, et les premiers qui murmurèrent
furent trois ou quatre convives qui, n'ayant pas
trouvé de place pour s'asseoir, n'étaient pas en position commode pour attendre.

A la troisième heure, le mécontentement fut
général et tout le monde se plaignait. « Quand
reviendra-t-il ? » disait l'un. « A quoi pense-t-il ? »
disait l'autre. « C'est à en mourir ! » disait un troisième. Et on se faisait, sans jamais la résoudre,
la question suivante : « S'en ira-t-on ? Ne s'en ira-
t-on pas ? »

A la quatrième heure, tous les symptômes s'aggravèrent : on étendait les bras, au hasard d'éborgner les voisins ; on entendait de toutes parts des bâillemens chantans ; toutes les figures étaient empreintes des couleurs qui annoncent la concentration, et on ne m'écouta pas quand je me hasardai de dire que celui dont l'absence nous attristait tant était sans doute le plus malheureux de tous.

L'attention fut un instant distraite par une apparition. Un des convives, plus habitué que les autres, pénétra jusque dans les cuisines, il en revint tout essoufflé ; sa figure annonçait la fin du monde, et il s'écria d'une voix à peine articulée, et de ce ton sourd qui exprime à la fois la crainte de faire du bruit et l'envie d'être entendu : « Monseigneur est parti sans donner d'ordres ; et, quelle que soit son absence, on ne servira pas qu'il ne revienne. » Il dit, et l'effroi que causa son allocution ne sera pas surpassé par l'effet de la trompette du jugement dernier.

Parmi tous ces martyrs, le plus malheureux était le bon d'Aigrefeuille, que tout Paris a connu ; son corps n'était que souffrance et la douleur du Laocoon était sur son visage. Pâle, égaré, ne voyant rien, il vint se hucher sur un fauteuil, croisa ses petites mains sur son gros ventre, et ferma les yeux, non pour dormir, mais pour attendre la mort.

Elle ne vint cependant pas. Vers les dix heures, on entendit une voiture rouler dans la cour; tout le monde se leva d'un mouvement spontané. L'hilarité succéda à la tristesse, et après cinq minutes on était à table.

Mais l'heure de l'appétit était passée. On avait l'air étonné de commencer à dîner à une heure si indue; les mâchoires n'eurent point ce mouvement isochrone qui annonce un travail régulier; et j'ai su que plusieurs convives en avaient été incommodés.

La marche indiquée en pareil cas est de ne point manger immédiatement après que l'obstacle a cessé, mais d'avaler un verre d'eau sucrée, ou une tasse de bouillon, pour consoler l'estomac, et d'attendre ensuite douze ou quinze minutes; sinon, l'organe convulsé se trouve opprimé par le poids des alimens dont on le surcharge.

Grands Appétits.

25. — Quand on voit, dans les livres primitifs, les apprêts qui se faisaient pour recevoir deux ou trois personnes, ainsi que les portions énormes qu'on servait à un seul hôte, il est difficile de se refuser à croire que les hommes qui vivaient plus près que nous du berceau du monde ne fussent aussi doués d'un bien plus grand appétit.

Cet appétit était censé s'accroître en raison directe de la dignité du personnage, et celui à qui on ne servait pas moins que le dos entier d'un taureau de cinq ans était destiné à boire dans une coupe dont il avait peine à supporter le poids.

Quelques individus ont existé depuis pour porter témoignage de ce qui a pu se passer autrefois, et les recueils sont pleins d'exemples d'une voracité à peine croyable, et qui s'étendait à tout, même aux objets les plus immondes.

Je ferai grâce à mes lecteurs de ces détails, quelquefois assez dégoûtans, et je préfère leur conter deux faits particuliers dont j'ai été témoin et qui n'exigent pas de leur part une foi bien implicite.

J'allai, il y a environ quarante ans, faire une visite volante au curé de Bregnier, homme de grande taille et dont l'appétit avait une réputation bailliagère.

Quoiqu'il fût à peine midi, je le trouvai déjà à table. On avait emporté la soupe et le bouilli, et à ces deux plats obligés avaient succédé un gigot de mouton à la royale, un assez beau chapon et une salade copieuse.

Dès qu'il me vit paraître, il demanda pour moi un couvert, que je refusai, et je fis bien, car, seul et sans aide, il se débarrassa très lestement du tout, savoir du gigot jusqu'à l'ivoire, du chapon jusqu'aux os et de la salade jusqu'au fond du plat.

On apporta bientôt un assez grand fromage
blanc, dans lequel il fit une brèche angulaire de
quatre-vingt-dix degrés. Il arrosa le tout d'une
bouteille de vin et d'une carafe d'eau, après quoi
il se reposa.

Ce qui m'en fit plaisir, c'est que, pendant toute
cette opération, qui dura à peu près trois quarts
d'heure, le vénérable pasteur n'eut point l'air af-
fairé. Les gros morceaux qu'il jetait dans sa bouche
profonde ne l'empêchaient ni de parler ni de rire,
et il expédia tout ce qu'on avait servi devant lui
sans y mettre plus d'appareil que s'il n'avait mangé
que trois mauviettes.

C'est ainsi que le général Bisson, qui buvait
chaque jour huit bouteilles de vin à son déjeuner,
n'avait pas l'air d'y toucher : il avait un plus grand
verre que les autres et le vidait plus souvent ; mais
on eût dit qu'il n'y faisait pas attention, et, tout en
humant ainsi seize livres de liquide, il n'était pas
plus empêché de plaisanter et de donner ses ordres
que s'il n'eût dû boire qu'un carafon.

Le second fait rappelle à ma mémoire le brave
général P. Sibuet, mon compatriote, longtemps
premier aide de camp du maréchal Masséna, et
mort au champ d'honneur en 1813, au passage du
Bober.

Prosper était âgé de dix-huit ans, et avait cet
appétit heureux par lequel la nature annonce qu'elle

s'occupe à achever un homme bien constitué, lorsqu'il entra un soir dans la cuisine de Genin, au-
bergiste chez lequel les anciens de Belley avaient
coutume de s'assembler pour manger des marrons
et boire du vin blanc nouveau, qu'on appelle *vin
bourru.*

On venait de tirer de la broche un magnifique
dindon, beau, bien fait, doré, cuit à point, et dont
le fumet aurait tenté un saint.

Les anciens, qui n'avaient plus faim, n'y firent
pas beaucoup attention; mais les puissances digestives du jeune Prosper en furent ébranlées; l'eau lui
vint à la bouche, et il s'écria : « Je ne fais que
sortir de table; je n'en gage pas moins que je
mangerai ce gros dindon à moi tout seul. — Sez
vosu mezé, z'u payo, répondit Bouvier du Bouchet,
gros fermier qui se trouvait présent; ê sez vos caca
en rotaz, i-zet voket pairé et may ket mezerai la
restaz [1]. »

L'exécution commença immédiatement. Le jeune
athlète détacha proprement une aile, l'avala en
deux bouchées, après quoi il se nettoya les dents
en grugeant le cou de la volaille, et but un verre
de vin pour servir d'entr'acte.

---

1. « Si vous le mangez, je le paye; mais, si vous restez
en route, c'est vous qui payerez, et moi qui mangerai le
reste. »

Bientôt il attaqua la cuisse, la mangea avec le même sang-froid, et dépêcha un second verre de vin pour préparer les voies au passage du surplus.

Aussitôt la seconde aile suivit la même route; elle disparut, et l'officiant, toujours plus animé, saisissait déjà le dernier membre, quand le malheureux fermier s'écria d'une voix dolente : « Hai! ze vaie *praou* qu'izet fotu m'ez monche Chibouet poez kaet zu daive paiet, lessé m'en a men meziet on mocho [1]. »

Prosper était aussi bon garçon qu'il fut depuis bon militaire; il consentit à la demande de son antipartenaire, qui eut pour sa part la carcasse, encore assez opime, de l'oiseau en consommation, et paya ensuite de fort bonne grâce et le principal et les accessoires obligés.

Le général Sibuet se plaisait beaucoup à citer cette prouesse de son jeune âge; il disait que ce qu'il avait fait en associant le fermier était de

---

1. « Hélas! je vois bien que c'en est fini; mais, monsieur Sibuet, puisque je dois le payer, laissez-m'en au moins manger un morceau. »

Je cite avec plaisir cet échantillon du patois du Bugey, où l'on trouve le *th* des Grecs et des Anglais, et, dans le mot *praou* et autres semblables, une diphtongue qui n'existe en aucune langue et dont on ne peut peindre le son par un caractère connu. (Voyez le 3° volume des *Mémoires de la Société royale des Antiquaires de France.*)

pure courtoisie ; il assurait que, sans cette assis-
tance, il se sentait toute la puissance nécessaire
pour gagner la gageure ; et ce qui, à quarante ans,
lui restait d'appétit, ne permettait pas de douter
de son assertion.

Méditation V.

MÉDITATION V

DES ALIMENS EN GÉNÉRAL

SECTION PREMIÈRE

Définition.

26. — Qu'entend-on par alimens?

Réponse populaire : L'aliment est tout ce qui nous nourrit.

Réponse scientifique : On entend par alimens les substances qui, soumises à l'estomac, peuvent s'animaliser par la digestion, et réparer les pertes que fait le corps humain par l'usage de la vie.

Ainsi, la qualité distinctive de l'aliment con-

siste dans la propriété de subir l'assimilation animale.

Travaux analytiques.

27. — Le règne animal et le règne végétal sont
ceux qui, jusqu'à présent, ont fourni des alimens
au genre humain. On n'a encore tiré des minéraux
que des remèdes ou des poisons.

Depuis que la chimie analytique est devenue une
science certaine, on a pénétré très avant dans la
double nature des élémens dont notre corps est
composé et des substances que la nature semble
avoir destinées à en réparer les pertes.

Ces études avaient entre elles une grande analogie, puisque l'homme est composé en grande
partie des mêmes substances que les animaux dont
il se nourrit, et qu'il a bien fallu chercher aussi dans
les végétaux les affinités par suite desquelles ils de-
venaient eux-mêmes animalisables.

On a fait dans ces deux voies les travaux les plus
louables et en même temps les plus minutieux, et
on a suivi soit le corps humain, soit les alimens par
lesquels il se répare, d'abord dans leurs particules
secondaires, et ensuite dans leurs élémens, au delà
desquels il ne nous a point encore été permis de
pénétrer.

Ici j'avais l'intention de placer un petit traité de
chimie alimentaire, et d'apprendre à mes lecteurs

en combien de millièmes de carbone, d'hydrogène, etc., on pourrait réduire eux et les mets dont
ils se nourrissent; mais j'ai été arrêté par la réflexion
que je ne pouvais guère remplir cette tâche qu'en
copiant les excellens traités de chimie qui sont entre
les mains de tout le monde. J'ai craint encore de
tomber dans des détails stériles, et je me suis réduit à une nomenclature raisonnée, sauf à faire
passer, par-ci par-là, quelques résultats chimiques,
en termes moins hérissés et plus intelligibles.

Osmazôme.

28. — Le plus grand service rendu par la chimie
à la science alimentaire est la découverte ou plutôt
la précision de l'osmazôme.

L'osmazôme est cette partie éminemment sapide
des viandes qui est soluble à l'eau froide, et qui se
distingue de la partie extractive en ce que cette
dernière n'est soluble que dans l'eau bouillante.

C'est l'osmazôme qui fait le mérite des bons po-
tages; c'est lui qui, en se caramélisant, forme le roux
des viandes; c'est par lui que se forme le rissolé
des rôtis; enfin c'est de lui que sort le fumet de la
venaison et du gibier.

L'osmazôme se tire surtout des animaux adultes
à chairs rouges, noires, et qu'on est convenu d'appeler chairs faites; on n'en trouve point ou presque

point dans l'agneau, le cochon de lait, le poulet, et même dans le blanc des plus grosses volailles : c'est par cette raison que les vrais connaisseurs ont toujours préféré l'entre-cuisse : chez eux l'instinct du goût avait prévenu la science.

C'est aussi la prescience de l'osmazôme qui a fait chasser tant de cuisiniers convaincus de distraire le premier bouillon ; c'est elle qui fit la réputation des soupes de primes, qui a fait adopter les croûtes au pot comme confortatives dans le bain, et qui fit inventer au chanoine Chevrier des marmites fermantes à clef ; c'est le même à qui l'on ne servait jamais des épinards le vendredi qu'autant qu'ils avaient été cuits dès le dimanche et remis chaque jour sur le feu avec nouvelle addition de beurre frais.

Enfin, c'est pour ménager cette substance, quoique encore inconnue, que s'est introduite la maxime que, pour faire de bon bouillon, la marmite ne devait que *sourire*, expression fort distinguée pour le pays d'où elle est venue.

L'osmazôme, découvert après avoir fait si longtemps les délices de nos pères, peut se comparer à l'alcool, qui a grisé bien des générations avant qu'on ait su qu'on pouvait le mettre à nu par la distillation.

A l'osmazôme succède, par le traitement à l'eau bouillante, ce qu'on entend plus spécialement par

matière extractive : ce dernier produit, réuni à
l'osmazôme, compose le jus de viande.

Principe des alimens.

La fibre est ce qui compose le tissu de la chair
et ce qui se présente à l'œil après la cuisson. La
fibre résiste à l'eau bouillante, et conserve sa forme
quoique dépouillée d'une partie de ses enveloppes.
Pour bien dépecer les viandes, il faut avoir soin
que la fibre fasse un angle droit, ou à peu près,
avec la lame du couteau : la viande ainsi coupée a
un aspect plus agréable, se goûte mieux et se mâche
plus facilement.

Les os sont principalement composés de gélatine
et de phosphate de chaux.

La quantité de gélatine diminue à mesure qu'on
avance en âge. A soixante-dix ans, les os ne sont
plus qu'un marbre imparfait : c'est ce qui les rend
si cassans et fait une loi de prudence aux vieillards d'éviter toute occasion de chute.

L'albumine se trouve également dans la chair et
dans le sang ; elle se coagule à une chaleur au-
dessus de 40 degrés : c'est elle qui forme l'écume
du pot-au-feu.

La gélatine se rencontre également dans les os,
les parties molles et cartilagineuses ; sa qualité distinctive est de se coaguler à la température ordinaire

de l'atmosphère ; deux parties et demie sur cent d'eau chaude suffisent pour cela.

La gélatine est la base de toutes les gelées grasses et maigres, blanc-manger et autres préparations analogues.

La graisse est une huile concrète qui se forme dans les interstices du tissu cellulaire, et s'agglomère quelquefois en masse dans les animaux que l'art ou la nature y prédispose, comme les cochons, les volailles, les ortolans et les becfigues ; dans quelques-uns de ces animaux elle perd son insipidité, et prend un léger arome qui la rend fort agréable.

Le sang se compose d'un sérum albumineux de fibrine, d'un peu de gélatine et d'un peu d'osmazôme ; il se coagule à l'eau chaude et devient un aliment très-nourrissant (*v. g.* le boudin).

Tous les principes que nous venons de passer en revue sont communs à l'homme et aux animaux dont il a coutume de se nourrir. Il n'est donc point étonnant que la diète animale soit éminemment restaurante et fortifiante : car les particules dont elle se compose, ayant avec les nôtres une grande similitude et ayant déjà été animalisées, peuvent facilement s'animaliser de nouveau lorsqu'elles sont soumises à l'action vitale de nos organes digesteurs.

Règne végétal.

29. — Cependant le règne végétal ne présente à la nutrition ni moins de variétés ni moins de ressources.

La fécule nourrit parfaitement, et d'autant mieux qu'elle est moins mélangée de principes étrangers.

On entend par fécule la farine ou poussière qu'on peut obtenir des graines céréales, des légumineuses et de plusieurs espèces de racines, parmi lesquelles la pomme de terre tient jusqu'à présent le premier rang.

La fécule est la base du pain, des pâtisseries et des purées de toute espèce, et entre ainsi pour une très grande partie dans la nourriture de presque tous les peuples.

On a observé qu'une pareille nourriture amollit la fibre et même le courage; on en donne pour preuve les Indiens, qui vivent presque exclusivement de riz, et qui se sont soumis à quiconque a voulu les asservir.

Presque tous les animaux domestiques mangent avec avidité la fécule, et ils en sont au contraire singulièrement fortifiés, parce que c'est une nourriture plus substantielle que les végétaux secs ou verts qui sont leur pâture habituelle.

Le sucre n'est pas moins considérable, soit comme aliment, soit comme médicament.

Cette substance, autrefois reléguée aux Indes ou aux colonies, est devenue indigène au commencement de ce siècle. On l'a découverte et suivie dans le raisin, les navets, la châtaigne et surtout la betterave; de sorte que, rigoureusement parlant, l'Europe pourrait, sous ce rapport, se suffire et se passer de l'Amérique ou de l'Inde. C'est un service éminent que la science a rendu à la société, et un exemple qui peut avoir dans la suite des résultats plus étendus. (Voyez ci-après, art. SUCRE.)

Le sucre, soit à l'état solide, soit dans les diverses plantes où la nature l'a placé, est extrêmement nourrissant; les animaux en sont friands; et les Anglais, qui en donnent beaucoup à leurs chevaux de luxe, ont remarqué qu'ils en soutiennent bien mieux les diverses épreuves auxquelles on les soumet.

Le sucre, qu'aux jours de Louis XIV on ne trouvait que chez les apothicaires, a donné naissance à diverses professions lucratives, telles que les pâtissiers du petit four, les confiseurs, les liquoristes et autres marchands de friandises.

Les huiles douces proviennent aussi du règne végétal; elles ne sont esculentes qu'autant qu'elles sont unies à d'autres substances, et doivent surtout être regardées comme un assaisonnement.

Le gluten, qu'on trouve particulièrement dans le froment, concourt puissamment à la fermentation du pain dont il fait partie; les chimistes ont été jusqu'à lui donner une nature animale.

On fait, à Paris, pour les enfans et les oiseaux, et pour les hommes dans quelques départemens, des pâtisseries où le gluten domine, parce qu'une partie de la fécule a été soustraite au moyen de l'eau.

Le mucilage doit sa qualité nutritive aux diverses substances auxquelles il sert de véhicule.

La gomme peut devenir, au besoin, un aliment, ce qui ne doit point étonner puisqu'à très peu de chose près elle contient les mêmes élémens que le sucre.

La gélatine végétale, qu'on extrait de plusieurs espèces de fruits, notamment des pommes, des groseilles, des coings et de quelques autres, peut aussi servir d'aliment; elle en fait mieux la fonction unie au sucre, mais toujours beaucoup moins que les gelées animales qu'on tire des os, des cornes, des pieds de veau et de la colle de poisson. Cette nourriture est en général légère, adoucissante et salutaire : aussi la cuisine et l'office s'en emparent et se la disputent.

Différence du Gras au Maigre.

Au jus près, qui, comme nous l'avons dit, se compose d'osmazôme et d'extractif, on trouve dans les poissons la plupart des substances que nous avons signalées dans les animaux terrestres, telles que la fibrine, la gélatine, l'albumine : de sorte qu'on peut dire avec raison que c'est le jus qui sépare le régime gras du maigre.

Ce dernier est encore marqué par une autre particularité, c'est que le poisson contient en outre une quantité notable de phosphore et d'hydrogène, c'est-à-dire ce qu'il y a de plus combustible dans la nature. D'où il suit que l'ichtyophagie est une diète échauffante : ce qui pourrait légitimer certaines louanges données jadis à quelques ordres religieux dont le régime était directement contraire à celui de leurs vœux déjà réputé le plus fragile.

Observation particulière.

3o. — Je n'en dirai pas davantage sur cette question de physiologie ; mais je ne dois pas omettre un fait dont on peut facilement vérifier l'existence.

Il y a quelques années que j'allai voir une mai-

son de campagne, dans un petit hameau des environs de Paris, situé sur le bord de la Seine, en
avant de l'île de Saint-Denis, et consistant principalement en huit cabanes de pêcheurs. Je fus frappé
de la quantité d'enfans que je vis fourmiller sur la
route.

J'en marquai mon étonnement au batelier avec
lequel je traversais la rivière. « Monsieur, me dit-
il, nous ne sommes ici que huit familles, et nous
avons cinquante-trois enfans, parmi lesquels il se
trouve quarante-neuf filles et seulement quatre
garçons, et, de ces quatre garçons, en voilà un qui
m'appartient. » En disant ces mots, il se redressait
d'un air de triomphe, et me montrait un petit mar-
mot de cinq ou six ans, couché sur le devant du
bateau, où il s'amusait à gruger des écrevisses
crues. Ce petit hameau s'appelle...

De cette observation, qui remonte à plus de dix
ans, et de quelques autres que je ne puis pas aussi
facilement indiquer, j'ai été amené à penser que le
mouvement génésique causé par la diète ichtyaque
pourrait bien être plus irritant que pléthorique et
substantiel ; et j'y persiste d'autant plus volontiers
que tout récemment le docteur Bailly a prouvé, par
une suite de faits observés pendant près d'un siècle,
que, toutes les fois que, dans les naissances an-
nuelles, le nombre des filles est notablement plus
grand que celui des garçons, la surabondance des

femelles est toujours due à des circonstances débi-
litantes, ce qui pourrait bien nous indiquer aussi
l'origine des plaisanteries qu'on a fait de tout temps
au mari dont la femme accouche d'une fille.

Il y aurait encore beaucoup de choses à dire sur
les alimens considérés dans leur ensemble, et sur les
diverses modifications qu'ils peuvent subir par le
mélange qu'on peut en faire; mais j'espère que ce
qui précède suffira, et au delà, pour le plus grand
nombre de mes lecteurs. Je renvoie les autres aux
traités *ex professo*, et je finis par deux considérations qui ne sont pas sans quelque intérêt.

La première est que l'animalisation se fait à peu
près de la même manière que la végétation, c'est-
à-dire que le courant réparateur formé par la digestion est aspiré de diverses manières par les cri-
bles ou suçoirs dont nos organes sont pourvus, et
devient chair, ongle, os ou cheveu, comme la
même terre, arrosée de la même eau, produit un
radis, une laitue ou un pissenlit, selon les graines
que le jardinier lui a confiées.

La seconde est qu'on n'obtient point, dans l'organisation vitale, les mêmes produits que dans la
chimie absolue : car les organes destinés à produire
la vie et le mouvement agissent puissamment sur
les principes qui leur sont soumis.

Mais la nature, qui se plaît à s'envelopper de
voiles et à nous arrêter au second ou au troisième

pas, a caché le laboratoire où elle fait ses transformations ; et il est véritablement difficile d'expliquer
comment, étant convenu que le corps humain contient de la chaux, du soufre, du phosphore, du fer
et dix autres substances encore, tout cela peut cependant se soutenir et se renouveler pendant plusieurs années avec du pain et de l'eau.

Méditation VI.

MÉDITATION VI

SPÉCIALITÉS

SECTION DEUXIÈME

3ı. — Lorsque j'ai commencé d'écrire, ma table
des matières était faite, et mon livre tout entier
dans ma tête; cependant je n'ai avancé qu'avec
lenteur, parce qu'une partie de mon temps est con-
sacrée à des travaux plus sérieux.

Durant cet intervalle de temps, quelques parties
de la matière que je croyais m'être réservée ont été
effleurées; des livres élémentaires de chimie et de
matière médicale ont été entre les mains de tout le

ı4

monde; et des choses que je croyais enseigner
pour la première fois sont devenues populaires :
par exemple, j'avais employé à la chimie du pot-au-
feu plusieurs pages dont la substance se trouve dans
deux ou trois ouvrages récemment publiés.

En conséquence, j'ai dû revoir cette partie de
mon travail, et l'ai tellement resserrée qu'elle se
trouve réduite à quelques principes élémentaires, à
des théories qui ne sauraient être trop propagées,
et à quelques observations, fruit d'une longue expérience, et qui, je l'espère, seront nouvelles pour
la grande partie de mes lecteurs.

§ Ier. — *Pot-au-feu, Potage, etc.*

32. — On appelle pot-au-feu un morceau de
bœuf destiné à être traité à l'eau bouillante légè-
rement salée, pour en extraire les parties solubles.

Le bouillon est le liquide qui reste après l'opération consommée.

Enfin on appelle *bouilli* la chair dépouillée de sa
partie soluble.

L'eau dissout d'abord une partie de l'osmazôme; puis l'albumine, qui, se coagulant avant le
50e degré de Réaumur, forme l'écume, qu'on en-
lève ordinairement; puis le surplus de l'osmazôme
avec la partie extractive ou jus; enfin quelques

portions de l'enveloppe des fibres, qui sont déta-
chées par la continuité de l'ébullition.

Pour avoir de bon bouillon, il faut que l'eau
s'échauffe lentement, afin que l'albumine ne se coagule pas dans l'intérieur avant d'être extraite; et il
faut que l'ébullition s'aperçoive à peine, afin que
les diverses parties qui sont successivement dissoutes puissent s'unir intimement et sans trouble.

On joint au bouillon des légumes ou des racines
pour en relever le goût, et du pain ou des pâtes
pour le rendre plus nourrissant : c'est ce qu'on
appelle un potage.

Le potage est une nourriture saine, légère,
nourrissante, et qui convient à tout le monde; il
réjouit l'estomac et le dispose à recevoir et digérer. Les personnes menacées d'obésité n'en doivent prendre que le bouillon.

On convient généralement qu'on ne mange nulle
part de si bon potage qu'en France; et j'ai trouvé
dans mes voyages la confirmation de cette vérité.
Ce résultat ne doit point étonner, car le potage
est la base de la diète nationale française, et l'expérience des siècles a dû le porter à sa perfection.

§ II. — *Du Bouilli.*

33. — Le bouilli est une nourriture saine, qui

apaise promptement la faim, se digère assez bien, mais qui seule ne restaure pas beaucoup, parce que la viande a perdu dans l'ébullition une partie des sucs animalisables.

On tient comme règle générale, en administration, que le bœuf bouilli a perdu la moitié de son poids.

Nous comprenons sous quatre catégories les personnes qui mangent le bouilli.

1° Les routiniers, qui en mangent parce que leurs parens en mangeaient, et qui, suivant cette pratique avec une soumission implicite, espèrent bien aussi être imités par leurs enfans;

2° Les impatiens, qui, abhorrant l'inactivité à table, ont contracté l'habitude de se jeter immédiatement sur la première matière qui se présente (*materiam subjectam*);

3° Les inattentifs, qui, n'ayant pas reçu du Ciel le feu sacré, regardent les repas comme les heures d'un travail obligé, mettent sur le même niveau tout ce qui peut les nourrir, et sont à table comme l'huître sur son banc;

4° Les dévorans, qui, doués d'un appétit dont ils cherchent à dissimuler l'étendue, se hâtent de jeter dans leur estomac une première victime, pour apaiser le feu gastrique qui les dévore et servir de base aux divers envois qu'ils se proposent d'acheminer pour la même destination.

Les professeurs ne mangent jamais de bouilli, par respect pour les principes, et parce qu'ils ont fait entendre en chaire cette vérité incontestable : *le bouilli est de la chair moins son jus*[1].

§ III. — *Volailles.*

34. — Je suis grand partisan des causes secondes, et crois fermement que ce genre entier des gallinacés a été créé uniquement pour doter nos garde-manger et enrichir nos banquets.

Effectivement, depuis la caille jusqu'au coq d'Inde, partout où l'on rencontre un individu de cette nombreuse famille, on est sûr de trouver un aliment léger, savoureux, et qui convient également au convalescent et à l'homme qui jouit de la plus robuste santé.

Car quel est celui d'entre nous qui, condamné par la Faculté à la chère des pères du désert, n'a pas souri à l'aile de poulet proprement coupée qui lui annonçait qu'enfin il allait être rendu à la vie sociale?

Nous ne nous sommes pas contentés des qualités que la nature avait données aux gallinacés :

---

1. Cette vérité commence à percer, et le bouilli a disparu dans les dîners véritablement soignés; on le remplace par un filet rôti, un turbot ou une matelotte.

l'art s'en est emparé, et, sous prétexte de les amé-
liorer, il en a fait des martyrs. Non seulement on
les prive des moyens de se reproduire, mais on les
tient dans la solitude, on les jette dans l'obscurité,
on les force à manger, et on les amène ainsi à un
embonpoint qui ne leur était pas destiné.

Il est vrai que cette graisse ultra-naturelle est
aussi délicieuse, et que c'est au moyen de ces pratiques damnables qu'on leur donne cette finesse et
cette succulence qui en font les délices de nos
meilleures tables.

Ainsi améliorée, la volaille est pour la cuisine
ce qu'est la toile pour les peintres, et pour les char-
latans le chapeau de Fortunatus; on nous la sert
bouillie, rôtie, frite, chaude ou froide, entière ou
par parties, avec ou sans sauce, désossée, écorchée,
farcie, et toujours avec un égal succès.

Trois pays de l'ancienne France se disputent
l'honneur de fournir les meilleures volailles, savoir : le pays de Caux, le Mans et la Bresse.

Relativement aux chapons, il y a du doute, et
celui qu'on tient sous la fourchette doit paraître le
meilleur; mais, pour les poulardes, la préférence
appartient à celles de Bresse, qu'on appelle *poulardes fines,* et qui sont rondes comme une pomme.
C'est grand dommage qu'elles soient rares à Paris,
où elles n'arrivent guère que dans des bourriches
votives.

§ IV. — *Du Coq d'Inde.*

35. — Le dindon est certainement un des plus beaux cadeaux que le nouveau monde ait faits à l'ancien.

Ceux qui veulent toujours en savoir plus que les autres ont dit que le dindon était connu aux Romains, qu'il en fut servi un aux noces de Charlemagne, et qu'ainsi c'est mal à propos qu'on attribue aux jésuites l'honneur de cette savoureuse importation.

A ce paradoxe on pourrait n'opposer que deux choses :

1º Le nom de l'oiseau qui atteste son origine, car autrefois l'Amérique était désignée sous le nom d'*Indes occidentales;*

2º La figure du coq d'Inde, qui est évidemment tout étrangère.

Un savant ne pourrait pas s'y tromper.

Mais, quoique déjà bien persuadé, j'ai fait à ce sujet des recherches assez étendues, dont je fais grâce au lecteur, et qui m'ont donné pour résultat :

1º Que le dindon a paru en Europe vers la fin du XVIIe siècle;

2º Qu'il a été importé par les jésuites, qui en élevaient une grande quantité, spécialement dans une ferme qu'ils possédaient aux environs de Bourges;

3° Que c'est de là qu'ils se sont répandus peu à peu sur toute la surface de la France, ce qui fait qu'en beaucoup d'endroits, et dans le langage familier, on disait autrefois et on dit encore un *jésuite* pour désigner un dindon;

4° Que l'Amérique est le seul endroit où on a trouvé le dindon sauvage et dans l'état de nature (il n'en existe pas en Afrique);

5° Que, dans les fermes de l'Amérique septentrionale, où il est fort commun, il provient soit des œufs qu'on a pris et fait couver, soit des jeunes dindonneaux qu'on a surpris dans les bois et apprivoisés, ce qui fait qu'ils sont plus près de l'état de nature et conservent davantage leur plumage primitif.

Et, vaincu par ces preuves, je conserve aux bons pères une double part de reconnaissance, car ils ont aussi importé le quinquina, qui se nomme en anglais *jésuit-bark* (écorce des jésuites).

Les mêmes recherches m'ont appris que l'espèce du coq d'Inde s'acclimate insensiblement en France avec le temps. Des observateurs éclairés m'ont appris que, vers le milieu du siècle précédent, sur vingt dindons éclos, dix à peine venaient à bien, tandis que maintenant, toutes choses égales, sur vingt on en élève quinze. Les pluies d'orage leur sont surtout funestes. Les grosses gouttes de pluie, chassées par le vent, frappent sur leur tête tendre et mal abritée, et les font périr.

Des Dindoniphiles.

36. — Le dindon est le plus gros, et, sinon le plus fin, du moins le plus savoureux de nos oiseaux domestiques.

Il jouit encore de l'avantage unique de réunir autour de soi toutes les classes de la société.

Quand les vignerons et les cultivateurs de nos campagnes veulent se régaler dans les longues soirées d'hiver, que voit-on rôtir au feu brillant de la cuisine où la table est mise? Un dindon.

Quand le fabricant utile, quand l'artiste laborieux, rassemble quelques amis pour jouir d'un relâche d'autant plus doux qu'il est plus rare, quelle est la pièce obligée du dîner qu'il leur offre? Un dindon farci de saucisses ou de marrons de Lyon.

Et dans nos cercles les plus éminemment gastronomiques, dans ces réunions choisies où la politique est forcée de céder le pas aux dissertations sur le goût, qu'attend-on, que désire-t-on, que voit-on au second service? Une dinde truffée. Une dinde truffée!.... Et mes Mémoires secrets contiennent la note que son suc restaurateur a plus d'une fois éclairé des faces éminemment diplomatiques.

Influence financière du Dindon.

37. — L'importation des dindons est devenue la cause d'une addition importante à la fortune publique, et donne lieu à un commerce assez considérable.

Au moyen de l'éducation des dindons, les fermiers acquittent plus facilement le prix de leurs baux, les jeunes filles amassent souvent une dot suffisante, et les citadins qui veulent se régaler de cette chair étrangère sont obligés de céder leurs écus en compensation.

Dans cet article purement financier, les dindes truffées demandent une attention particulière.

J'ai quelque raison de croire que, depuis le commencement de novembre jusqu'à la fin de février, il se consomme à Paris trois cents dindes truffées par jour, en tout trente-six mille dindes.

Le prix commun de chaque dinde ainsi conditionnée est au moins 20 francs, en tout 72,000 francs, ce qui fait un fort joli mouvement d'argent ; à quoi il faut joindre une somme pareille pour les volailles, faisans, poulets et perdrix, pareillement truffés, qu'on voit chaque jour étalés dans les magasins de comestibles, pour le supplice des contemplateurs qui se trouvent trop courts pour y atteindre.

Exploit du Professeur.

38. — Pendant mon séjour à Hartford, dans le Connecticut, j'ai eu le bonheur de tuer une dinde sauvage. Cet exploit mérite de passer à la postérité, et je le conterai avec d'autant plus de complaisance que c'est moi qui en suis le héros.

Un vénérable propriétaire américain (*american farmer*) m'avait invité à aller chasser chez lui. Il demeurait sur les derrières de l'État (*back grounds*), me promettait des perdrix, des écureuils gris, des dindes sauvages (*wild cocks*), et me donnait la faculté d'y mener avec moi un ami ou deux, à mon choix.

En conséquence, un beau jour d'octobre 1794, nous nous acheminâmes, M. King et moi, montés sur deux chevaux de louage, avec l'espoir d'arriver vers le soir à la ferme de M. Bulow, située à cinq mortelles lieues de Hartford, dans le Connecticut.

M. King était un chasseur d'une espèce extraordinaire : il aimait passionnément cet exercice ; mais, quand il avait tué une pièce de gibier, il se regardait comme un meurtrier, et faisait sur le sort du défunt des réflexions morales et des élégies qui ne l'empêchaient pas de recommencer.

Quoique le chemin fût à peine tracé, nous arri-

vâmes sans accident, et nous fûmes reçus avec cette
hospitalité cordiale et silencieuse qui s'exprime par
des actes, c'est-à-dire qu'en peu d'instans tout fut
examiné, caressé et hébergé, hommes, chevaux et
chiens, suivant les convenances respectives.

Deux heures environ furent employées à examiner la ferme et ses dépendances. Je décrirais tout
cela si je voulais; mais j'aime mieux montrer au
lecteur quatre beaux brins de fille (*buxom lasses*)
dont M. Bulow était père, et pour qui notre arrivée était un grand événement.

Leur âge était de seize à vingt ans; elles étaient
rayonnantes de fraîcheur et de santé, et il y avait
dans toute leur personne tant de simplicité, de souplesse et d'abandon que l'action la plus commune
suffisait pour leur prêter mille charmes.

Peu après notre retour de la promenade, nous
nous assîmes autour d'une table abondamment
servie. Un superbe morceau de *korn beef* (bœuf à
mi-sel), une oie daubée (*stewd*) et une magnifique
jambe de mouton (*gigot*); puis des racines de toute
espèce (*plenty*), et aux deux bouts de la table deux
énormes pots d'un cidre excellent, dont je ne pouvais pas me rassasier.

Quand nous eûmes montré à notre hôte que
nous étions de vrais chasseurs, du moins par l'appétit, il s'occupa du but de notre voyage; il nous
indiqua de son mieux les endroits où nous trouve-

rions le gibier, les points de reconnaissance qui
nous guideraient au retour, et surtout les fermes
où nous pourrions trouver de quoi nous rafraîchir.

Pendant cette conversation, les dames avaient
préparé d'excellent thé, dont nous avalâmes plusieurs tasses ; après quoi on nous montra une chambre à deux lits, où l'exercice et la bonne chère nous
procurèrent un sommeil délicieux.

Le lendemain, nous nous mîmes en chasse un
peu tard, et, parvenus au bout des défrichements
faits par les ordres de M. Bulow, je me trouvai
pour la première fois dans une forêt vierge, et où
la cognée ne s'était jamais fait entendre.

Je m'y promenais avec délices, observant les
bienfaits et les ravages du temps, qui crée et détruit, et je m'amusais à suivre toutes les périodes
de la vie d'un chêne, depuis le moment où il sort
de terre avec deux feuilles jusqu'à celui où il ne
reste plus de lui qu'une longue trace noire, qui est
la poussière de son cœur.

M. King me reprocha mes distractions, et nous
nous mîmes à chasser. Nous tuâmes d'abord quelques-unes de ces jolies petites perdrix grises qui
sont si rondes et si tendres ; nous abattîmes ensuite
six à sept écureuils gris, dont on fait grand cas
dans ce pays ; enfin notre heureuse étoile nous
amena au milieu d'une compagnie de coqs d'Inde.

Ils partirent à peu d'intervalle les uns des autres,

d'un vol bruyant, rapide, et en faisant de grands cris. M. King tira sur le premier et courut après : les autres étaient hors de portée ; enfin le plus paresseux s'éleva à dix pas de moi, je le tirai dans une clairière, et il tomba raide mort.

Il faut être un chasseur pour concevoir l'extrême joie que me causa un si beau coup de fusil. J'empoignai la superbe volatile, et je la retournais en tous sens depuis un quart d'heure, quand j'entendis M. King qui criait à l'aide : j'y courus, et trouvai qu'il ne m'appelait que pour l'aider dans la recherche d'un dindon qu'il prétendait avoir tué, et qui n'en avait pas moins disparu.

Je mis mon chien sur la trace, mais il nous conduisit dans des halliers si épais et si épineux qu'un serpent n'y aurait pas pénétré ; il fallut donc y renoncer, ce qui mit mon camarade dans un accès d'humeur qui dura jusqu'au retour.

Le surplus de notre chasse ne mérite pas les honneurs de l'impression. Au retour, nous nous égarâmes dans ces bois indéfinis, et nous courions grand risque d'y passer la nuit, sans les voix argentines des demoiselles Bulow et la pédale de leur papa, qui avaient eu la bonté de venir au-devant de nous, et qui nous aidèrent à nous en tirer.

Les quatre sœurs s'étaient mises sous les armes : des robes très fraîches, des ceintures neuves, de jolis chapeaux et une chaussure soignée, annoncèrent

qu'on avait fait quelques frais pour nous, et j'eus,
de mon côté, l'intention d'être aimable pour celle
de ces demoiselles qui vint prendre mon bras tout
aussi propriétairement que si elle eût été ma
femme.

En arrivant à la ferme, nous trouvâmes le souper
servi ; mais, avant que d'en profiter, nous nous assîmes un instant auprès d'un feu vif et brillant
qu'on avait allumé pour nous, quoique le temps
n'eût pas indiqué cette précaution. Nous nous en
trouvâmes très bien, et fûmes délassés comme par
enchantement.

Cette pratique venait sans doute des Indiens,
qui ont toujours du feu dans leur case. Peut-être
aussi était-ce une tradition de saint François de
Sales, qui disait que le feu était bon douze mois
de l'année. (*Non liquet.*)

Nous mangeâmes comme des affamés ; un ample
bol de punch vint nous aider à finir la soirée, et
une conversation où notre hôte mit bien plus d'a-
bandon que la veille nous conduisit assez avant
dans la nuit.

Nous parlâmes de la guerre de l'indépendance,
où M. Bulow avait servi comme officier supérieur ;
de M. de La Fayette, qui grandit sans cesse dans le
souvenir des Américains, qui ne le désignent que
par sa qualité (*the marquis*) ; de l'agriculture, qui
en ce temps enrichissait les États-Unis, et enfin de

cette chère France, que j'aimais bien plus depuis
que j'avais été forcé de la quitter.

Pour reposer la conversation, M. Bulow disait
de temps à autre à sa fille aînée : « Mariah, give
us a song. » Et elle nous chanta, sans se faire prier
et avec un embarras charmant, la chanson nationale
Yankee dudde, la complainte de la reine Marie et
celle du major André, qui sont tout à fait populaires en ce pays. Mariah avait pris quelques leçons,
et, dans ces lieux élevés, passait pour une virtuose ;
mais son chant tirait surtout son mérite de la qualité de sa voix, qui était à la fois douce, fraîche et
accentuée.

Le lendemain nous partîmes, malgré les in-
stances les plus amicales : car, là aussi, j'avais des
devoirs à remplir. Pendant qu'on préparait les
chevaux, M. Bulow, m'ayant pris à part, me dit
ces paroles remarquables :

« Vous voyez en moi, mon cher monsieur, un
homme heureux, s'il y en a un sous le ciel : tout
ce qui vous entoure et ce que vous avez vu chez
moi sort de mes propriétés. Ces bas, mes filles les
ont tricotés ; mes souliers et mes habits proviennent de mes troupeaux ; ils contribuent aussi, avec
mon jardin et ma basse-cour, à me fournir une
nourriture simple et substantielle ; et ce qui fait
l'éloge de notre gouvernement, c'est qu'on compte
dans le Connecticut des milliers de fermiers tout

aussi contens que moi, et dont les portes, de même que les miennes, n'ont pas de serrures.

« Les impôts ici ne sont presque rien, et, tant qu'ils sont payés, nous pouvons dormir sur les deux oreilles. Le congrès favorise de tout son pouvoir notre industrie naissante; des facteurs se croisent en tous sens pour nous débarrasser de ce que nous avons à vendre; et j'ai de l'argent comptant pour long-temps, car je viens de vendre au prix de vingt-quatre dollars le tonneau la farine que je donne ordinairement pour huit.

« Tout nous vient de la liberté que nous avons conquise et fondée sur de bonnes lois. Je suis maître chez moi, et vous ne vous en étonnerez pas quand vous saurez qu'on n'y entend jamais le bruit du tambour, et que, hors le 4 juillet, anniversaire glorieux de notre indépendance, on n'y voit ni soldats, ni uniformes, ni baïonnettes. »

Pendant tout le temps que dura notre retour, j'eus l'air absorbé dans de profondes réflexions : on croira peut-être que je m'occupais de la dernière allocution de M. Bulow; mais j'avais bien d'autres sujets de méditation : je pensais à la manière dont je ferais cuire mon coq d'Inde, et je n'étais pas sans embarras, parce que je craignais de ne pas trouver à Hartford tout ce que j'aurais désiré, car je voulais m'élever un trophée, en étalant avec avantage mes dépouilles opimes.

16

Je fais un douloureux sacrifice en supprimant les détails du travail profond dont le but était de traiter d'une manière distinguée les convives américains que j'avais engagés. Il suffira de dire que les ailes de perdrix furent servies en papillotes, et les écureuils gris courbouillonnés au vin de Madère.

Quant au dindon, qui faisait notre unique plat de rôti, il fut charmant à la vue, flatteur à l'odorat et délicieux au goût. Aussi, jusqu'à la consommation de la dernière de ses particules, on entendait tout autour de la table : « Very good ! exceedingly good ! Oh ! dear Sir, what a glorious bit ! » (Très bon, extrêmement bon ! Oh ! mon cher Monsieur, quel glorieux morceau) [1] !

§ V. — *Du Gibier.*

39. — On entend par gibier les animaux bons à manger qui vivent dans les bois et les campagnes dans l'état de liberté naturelle.

Nous disons *bons à manger* parce que quelques-

---

1. La chair de la dinde sauvage est plus colorée et plus parfumée que celle de la dinde domestique.

J'ai appris avec plaisir que mon estimable collègue M. Bosc en avait tué dans la Caroline, qu'il les avait trouvées excellentes, et surtout bien meilleures que celles que

uns de ces animaux ne sont pas compris sous la
dénomination de gibier : tels sont les renards,
blaireaux, corbeaux, pies, chats-huans et autres;
on les appelle *bêtes puantes.*

Nous divisons le gibier en trois séries.

La première commence à la grive et contient en
descendant tous les oiseaux de moindre volume,
appelés petits oiseaux.

La seconde commence en remontant au râle de
genêt, à la bécasse, à la perdrix, au faisan, au lapin
et au lièvre; c'est le gibier proprement dit : gibier
de terre et gibier de marais, gibier de poil, gibier
de plume.

La troisième est plus connue sous le nom de venaison; elle se compose du sanglier, du chevreuil
et de tous les autres animaux fissipèdes.

Le gibier fait les délices de nos tables; c'est une
nourriture saine, chaude, savoureuse, de haut goût,
et facile à digérer toutes les fois que l'individu est
jeune.

Mais ces qualités n'y sont pas tellement inhé-
rentes qu'elles ne dépendent beaucoup de l'habi-
leté du préparateur qui s'en occupe. Jetez dans un

---

nous élevons en Europe. Aussi conseille-t-il à ceux qui en
élèvent de leur donner le plus de liberté possible, de les
conduire aux champs, et même dans les bois, pour en rehausser le goût et les rapprocher d'autant de l'espèce pri-
mitive. (*Annales d'agriculture,* cah. du 28 février 1821.)

pot du sel, de l'eau et un morceau de bœuf, vous en retirerez du bouilli et du potage. Au bœuf substituez du sanglier ou du chevreuil, vous n'aurez rien de bon : tout l'avantage, sous ce rapport, appartient à la viande de boucherie.

Mais, sous les ordres d'un chef instruit, le gibier subit un grand nombre de modifications et transformations savantes, et fournit la plupart des mets de haute saveur qui constituent la cuisine transcendante.

Le gibier tire aussi une grande partie de son prix de la nature du sol où il se nourrit : le goût d'une perdrix rouge du Périgord n'est pas le même que celui d'une perdrix rouge de Sologne; et, quand le lièvre tué dans les plaines des environs de Paris ne paraît qu'un plat assez insignifiant, un levreau né sur les coteaux brûlés du Valromey ou du haut Dauphiné est peut-être le plus parfumé de tous les quadrupèdes.

Parmi les petits oiseaux, le premier par ordre d'excellence est sans contredit le becfigue.

Il s'engraisse au moins autant que le rouge-gorge ou l'ortolan, et la nature lui a donné en outre une amertume légère et un parfum unique et si exquis qu'ils engagent, remplissent et béatifient toutes les puissances dégustatrices. Si un becfigue était de la grosseur d'un faisan, on le payerait certainement à l'égal d'un arpent de terre.

C'est grand dommage que cet oiseau privilégié
se voie si rarement à Paris : il en arrive, à la vérité,
quelques-uns ; mais il leur manque la graisse qui
fait tout leur mérite, et on peut dire qu'ils ressemblent à peine à ceux qu'on voit dans les départe-
ments de l'est ou du midi de la France [1].

Peu de gens savent manger les petits oiseaux.
En voici la méthode, telle qu'elle m'a été confiden-
tiellement transmise par le chanoine Charcot, gourmand par état et gastronome parfait, trente ans
avant que le mot fût connu.

Prenez par le bec un petit oiseau bien gras,
saupoudrez-le d'un peu de sel, ôtez-en le gésier,
enfoncez-le adroitement dans votre bouche, mor-
dez et tranchez tout près de vos doigts, et mâchez

---

1. J'ai entendu parler à Belley, dans ma jeunesse, du
jésuite Fabri, né dans ce diocèse, et du goût particulier qu'il
avait pour les becfigues.

Dès qu'on en entendait crier, on disait : « Voilà les becfigues, le père Fabri est en route. » Effectivement, il ne
manquait jamais d'arriver le 1ᵉʳ septembre, avec un ami ;
ils venaient s'en régaler pendant tout le passage. Chacun se
faisait un plaisir de les inviter, et ils partaient vers le 25.

Tant qu'il fut en France, il ne manqua jamais de faire
son voyage ornithophilique, et ne l'interrompit que quand
il fut envoyé à Rome, où il mourut pénitencier en 1688.

Le père Fabri (Honoré) était un homme d'un grand savoir ; il a fait divers ouvrages de théologie et de physique,
dans l'un desquels il cherche à prouver qu'il avait découvert la circulation du sang avant ou du moins aussitôt
qu'Harvey.

vivement : il en résultera un suc assez abondant pour envelopper tout l'organe, et vous goûterez un plaisir inconnu au vulgaire.

Odi profanum vulgus, et arceo.

Hor.

La caille est, parmi le gibier proprement dit, ce qu'il y a de plus mignon et de plus aimable. Une caille bien grasse plaît également par son goût, sa forme et sa couleur. On fait acte d'ignorance toutes les fois qu'on la sert autrement que rôtie ou en papillote, parce que son parfum est très fugace, et que toutes les fois que l'animal est en contact avec un liquide il se dissout, s'évapore et se perd.

La bécasse est encore un oiseau très distingué, mais peu de gens en connaissent tous les charmes. Une bécasse n'est dans toute sa gloire que quand elle a été rôtie sous les yeux d'un chasseur, et surtout du chasseur qui l'a tuée : alors la rôtie est confectionnée suivant les règles voulues, et la bouche s'inonde de délices.

Au-dessus des précédens, et même de tous, devrait se placer le faisan ; mais peu de mortels savent le présenter à point.

Un faisan mangé dans la première huitaine de sa mort ne vaut ni une perdrix ni un poulet, car son mérite consiste dans son arome.

La science a considéré l'expansion de cet arome,

l'expérience l'a mis en action, et un faisan saisi pour son infocation est un morceau digne des gourmands les plus exaltés.

On trouvera dans les *Variétés* la manière de rôtir un faisan *à la sainte alliance*. Le moment est venu où cette méthode, jusqu'ici concentrée dans un petit cercle d'amis, doit s'épancher au dehors pour le bonheur de l'humanité.

Un faisan aux truffes est moins bon qu'on ne pourrait le croire : l'oiseau est trop sec pour oindre le tubercule; et d'ailleurs le fumet de l'un et le parfum de l'autre se neutralisent en s'unissant, ou plutôt ne se conviennent pas.

§ VI. — *Du Poisson.*

40. — Quelques savans, d'ailleurs peu orthodoxes, ont prétendu que l'Océan avait été le berceau commun de tout ce qui existe, que l'espèce humaine elle-même était née dans la mer, et qu'elle ne devait son état actuel qu'à l'influence de l'air et aux habitudes qu'elle a été obligée de prendre pour séjourner dans ce nouvel élément.

Quoi qu'il en soit, il est au moins certain que l'empire des eaux contient une immense quantité d'êtres de toutes les formes et de toutes les dimensions, qui jouissent des propriétés vitales dans des proportions très différentes, et suivant un mode qui n'est point le même que celui des animaux à sang chaud.

Il n'est pas moins vrai qu'il présente, en tout temps et partout, une masse énorme d'alimens, etc., et que, dans l'état actuel de la science, il introduit sur nos tables la plus agréable variété.

Le poisson, moins nourrissant que la chair, plus succulent que les végétaux, est un *mezzo termine* qui convient à presque tous les tempéramens, et qu'on peut permettre même aux convalescens.

Les Grecs et les Romains, quoique moins avancés que nous dans l'art d'assaisonner le poisson, n'en faisaient pas moins très grand cas, et poussaient la délicatesse jusqu'à pouvoir deviner, au goût, en quelles eaux il avait été pris.

Ils en conservaient dans des viviers ; et on connaît la cruauté de Vadius Pollion, qui nourrissait des murènes avec les corps des esclaves qu'il faisait mourir : cruauté que l'empereur Domitien désapprouva hautement, mais qu'il aurait dû punir.

Un grand débat s'est élevé sur la question de savoir lequel doit l'emporter, du poisson de mer ou du poisson d'eau douce.

Le différend ne sera probablement jamais jugé, conformément au proverbe espagnol, *sobre los gustos no hai disputa*. Chacun est affecté à sa manière : ces sensations fugitives ne peuvent s'expri-

mer par aucun caractère connu; et il n'y a pas
d'échelle pour estimer si un cabillaud, une sole ou
un turbot valent mieux qu'une truite saumonée,
un brochet de haut bord, ou même une tanche de
six ou sept livres.

Il est bien convenu que le poisson est beaucoup
moins nourrissant que la viande, soit parce qu'il
ne contient point d'osmazôme, soit parce qu'étant
bien plus léger en poids, il contient moins de matière sous le même volume. Le coquillage, et spécialement les huîtres, fournissent peu de substance
nutritive; c'est ce qui fait qu'on en peut manger
beaucoup sans nuire au repas qui suit immédiatement.

On se souvient qu'autrefois un festin de quelque
apparat commençait ordinairement par des huîtres,
et qu'il se trouvait toujours un bon nombre de convives qui ne s'arrêtaient pas sans en avoir avalé
une grosse (douze douzaines — 144). J'ai voulu
savoir quel était le poids de cette avant-garde, et
j'ai vérifié qu'une douzaine d'huîtres (eau comprise)
pesait *quatre onces,* poids marchand : ce qui donne,
pour la grosse, *trois livres.* Or je regarde comme
certain que les mêmes personnes qui n'en dînaient
pas moins bien après les huîtres eussent été complètement rassasiées si elles avaient mangé la même
quantité de viande, quand même ç'aurait été de la
chair de poulet.

Anecdote.

En 1798, j'étais à Versailles, en qualité de commissaire du Directoire, et j'avais des relations assez fréquentes avec le sieur Laperte, greffier du tribunal du département. Il était grand amateur d'huîtres, et se plaignait de n'en avoir jamais mangé à satiété, ou, comme il disait, *tout son saoul.*

Je résolus de lui procurer cette satisfaction ; et, à cet effet, je l'invitai à dîner avec moi le lendemain.

Il vint. Je lui tins compagnie jusqu'à la troisième douzaine ; après quoi je le laissai aller seul. Il alla ainsi jusqu'à la trente-deuxième, c'est-à-dire pendant plus d'une heure, car l'ouvreuse n'était pas bien habile.

Cependant j'étais dans l'inaction ; et, comme c'est à table qu'elle est vraiment pénible, j'arrêtai mon convive au moment où il était le plus en train. « Mon cher, lui dis-je, votre destin n'est pas de manger aujourd'hui *votre saoul* d'huîtres ; dînons. » Nous dînâmes, et il se comporta avec la vigueur et la tenue d'un homme qui aurait été à jeun.

Muria. — Garum.

41. — Les anciens tiraient du poisson deux as saisonnemens de très haut goût, le *muria* et le *garum.*

Le premier n'était que de la saumure de thon, ou, pour parler plus exactement, la substance liquide que le mélange du sel faisait découler de ce poisson.

Le *garum*, qui était plus cher, nous est beaucoup moins connu. On croit qu'on le tirait, par expression, des entrailles marinées du scombre ou maquereau; mais alors rien ne rendrait raison de ce haut prix. Il y a lieu de croire que c'était une sauce étrangère; et peut-être n'était-ce autre chose que le *soy* qui nous vient de l'Inde, et qu'on sait être un résultat de poissons fermentés avec des champignons.

Certains peuples, par leur position, sont réduits à vivre presque uniquement de poisson; ils en nourrissent pareillement leurs animaux de travail, que l'habitude finit par soumettre à ces alimens insolites; ils en fument même leurs terres; et cependant la mer qui les environne ne cesse pas de leur en fournir toujours la même quantité.

On a remarqué que ces peuples ont moins de courage que ceux qui se nourrissent de chair; ils sont pâles : ce qui n'est point étonnant, parce que, d'après les élémens dont le poisson est composé, il doit plus augmenter la lymphe que réparer le sang.

On a pareillement observé parmi les nations ichtyophages des exemples nombreux de longévité,

soit parce qu'une nourriture peu substantielle et
plus légère leur sauve les inconvénients de la plé-
thore, soit que, les sucs qu'elle contient n'étant
destinés par la nature qu'à former au plus des arêtes
et des cartilages qui n'ont jamais une grande du-
reté, l'usage habituel qu'en font les hommes retarde
chez eux de quelques années la solidification de
toutes les parties du corps, qui devient enfin la
cause nécessaire de la mort naturelle.

Quoi qu'il en soit, le poisson, entre les mains
d'un préparateur habile, peut devenir une source
inépuisable de jouissances gustuelles : on le sert
entier, dépecé, tronçonné, à l'eau, à l'huile, au
vin, froid, chaud, et toujours il est également bien
reçu ; mais il ne mérite jamais un accueil plus distingué que lorsqu'il paraît sous la forme d'une
matelotte.

Ce ragoût, quoiqu'imposé par la nécessité aux
mariniers qui parcourent nos fleuves, et perfectionné seulement par les cabaretiers du bord de
l'eau, ne leur est pas moins redevable d'une bonté
que rien ne surpasse, et les ichtyophiles ne le
voient jamais paraître sans exprimer leur ravissement, soit à cause de la franchise de son goût, soit
parce qu'il réunit plusieurs qualités, soit enfin parce
qu'on peut en manger presque indéfiniment sans
craindre ni la satiété ni l'indigestion.

La gastronomie analytique a cherché à examiner

quels sont sur l'économie animale les effets du régime icthyaque, et des observations unanimes ont
démontré qu'il agit fortement sur le génésique et
éveille chez les deux sexes l'instinct de la reproduction.

L'effet une fois connu, on en trouva d'abord
deux causes tellement immédiates qu'elles étaient à
la portée de tout le monde, savoir : 1º diverses
manières de préparer le poisson dont les assaison-
nemens sont évidemment irritans, tels que le ca-
viar, les harengs saurs, le thon mariné, la morue,
le stock-fisch et autres pareils ; 2º les sucs divers
dont le poisson est imbibé, qui sont éminemment
inflammables, et s'oxygènent et se rancissent par la
digestion.

Une analyse plus profonde en a découvert une
troisième encore plus active, savoir : la présence
du phosphore, qui se trouve tout formé dans les
laites, et qui ne manque pas de se montrer en
décomposition.

Ces vérités physiques étaient sans doute ignorées
de ces législateurs ecclésiastiques, qui imposèrent
la diète quadragésimale à diverses communautés de
moines, tels que les Chartreux, les Récollets, les
Trappistes et les Carmes déchaux, réformés par
sainte Thérèse. Car on ne peut pas supposer qu'ils
aient eu pour but de rendre encore plus difficile
l'observance du vœu de chasteté, déjà si anti-social.

Sans doute, dans cet état de choses, des victoires éclatantes ont été remportées, des sens bien rebelles ont été soumis ; mais aussi que de chutes ! que de défaites ! Il faut qu'elles aient été bien avérées, puisqu'elles finirent par donner à un ordre religieux une réputation semblable à celle d'Hercule chez les filles de Danaüs, ou du maréchal de Saxe auprès de mademoiselle Lecouvreur.

Au reste, ils auraient pu être éclairés par une anecdote déjà ancienne, puisqu'elle nous est venue par les croisades.

Le sultan Saladin, voulant éprouver jusqu'à quel point pouvait aller la continence des derviches, en prit deux dans son palais, et pendant un certain espace de temps les fit nourrir des viandes les plus succulentes.

Bientôt la trace des sévérités qu'ils avaient exercées sur eux-mêmes s'effaça et leur embonpoint commença à reparaître.

Dans cet état, on leur donna pour compagnes deux odalisques d'une beauté toute-puissante ; mais elles échouèrent dans leurs attaques les mieux dirigées, et les deux saints sortirent d'une épreuve aussi délicate purs comme le diamant de Visapour.

Le sultan les garda encore dans son palais, et, pour célébrer leur triomphe, leur fit faire, pendant plusieurs semaines, une chère également soignée, mais exclusivement en poisson.

A peu de jours, on les soumit de nouveau au pouvoir réuni de la jeunesse et de la beauté ; mais cette fois la nature fut la plus forte, et les trop heureux cénobites succombèrent.... étonnamment.

Dans l'état actuel de nos connaissances, il est probable que, si le cours des choses ramenait quelque ordre monacal, les supérieurs chargés de les diriger adopteraient un régime plus favorable à l'accomplissement de leurs devoirs.

Réflexion philosophique.

42. — Le poisson, pris dans la collection de ses espèces, est, pour le philosophe, un sujet inépuisable de méditation et d'étonnement.

Les formes variées de ces étranges animaux, les sens qui leur manquent, la restriction de ceux qui leur ont été accordés, leurs diverses manières d'exister, l'influence qu'a dû exercer sur tout cela la différence du milieu dans lequel ils sont destinés à vivre, respirer et se mouvoir, étendent la sphère de nos idées et des modifications indéfinies qui peuvent résulter de la matière, du mouvement et de la vie.

Quant à moi, j'ai pour eux un sentiment qui ressemble au respect, et qui naît de la persuasion intime où je suis que ce sont des créatures évidemment antédiluviennes. Car le grand cataclysme qui noya nos grands-oncles vers le XVIIIe siècle de la création du monde ne fut pour les poissons qu'un temps de joie, de conquête et de festivité.

§ VII. — *Des Truffes.*

43. — Qui dit *truffe* prononce un grand mot, qui réveille des souvenirs érotiques et gourmands chez le sexe portant jupes, et des souvenirs gourmands et érotiques chez le sexe portant barbe.

Cette duplication honorable vient de ce que cet éminent tubercule passe non seulement pour délicieux au goût, mais encore parce qu'on croit qu'il élève une puissance dont l'exercice est accompagné des plus doux plaisirs.

L'origine de la truffe est inconnue; on la trouve, mais on ne sait ni comment elle naît ni comment elle végète. Les hommes les plus habiles s'en sont occupés; on a cru en reconnaître les graines; on a promis qu'on en sèmerait à volonté. Efforts inutiles! promesses mensongères! Jamais la plantation n'a été suivie de la récolte; et ce n'est peut-être pas un grand malheur : car, comme le prix des truffes tient un peu au caprice, peut-être les estimerait-on moins si on les avait en quantité et à bon marché.

« Réjouissez-vous, chère amie, disais-je un jour à madame de Ville-Plaine : on vient de présenter à

la Société d'encouragement un métier au moyen
duquel on fera de la dentelle superbe et qui ne
coûtera presque rien. — Eh! me répondit cette
belle avec un regard de souveraine indifférence, si
la dentelle était à bon marché, croyez-vous qu'on
voudrait porter de semblables guenilles ? »

De la vertu érotique des Truffes.

44. — Les Romains ont connu la truffe; mais
il ne paraît pas que l'espèce française soit parvenue
jusqu'à eux. Celles dont ils faisaient leurs délices
leur venaient de Grèce, d'Afrique et principalement de Libye; la substance en était blanche ou
rougeâtre, et les truffes de Libye étaient les plus
recherchées, comme à la fois plus délicates et plus
parfumées.

Gustus alimenta per omnia quærunt.

JUVÉNAL.

Des Romains jusqu'à nous, il y a eu un long
interrègne, et la résurrection des truffes est assez
récente, car j'ai lu plusieurs anciens dispensaires,
où il n'en est pas mention; on peut même dire que
la génération qui s'écoule au moment où j'écris en
a été presque témoin.

Vers 1780, les truffes étaient rares à Paris; on
n'en trouvait, et seulement en petite quantité, qu'à

l'hôtel des Américains et à l'hôtel de Provence, et
une dinde truffée était un objet de luxe qu'on ne
voyait qu'à la table des plus grands seigneurs, ou
chez les filles entretenues.

Nous devons leur multiplication aux marchands
de comestibles, dont le nombre s'est fort accru, et
qui, voyant que cette marchandise prenait faveur,
en ont fait demander dans tout le royaume, et qui,
les payant bien et les faisant arriver par les cour-
riers de la malle et par la diligence, en ont rendu
la recherche générale : car, puisqu'on ne peut pas
les planter, ce n'est qu'en les recherchant avec soin
qu'on peut en augmenter la consommation.

On peut dire qu'au moment où j'écris (1825) la
gloire de la truffe est dans son apogée. On n'ose
pas dire qu'on s'est trouvé à un repas où il n'y
aurait pas eu une pièce truffée. Quelque bonne en
soi que puisse être une entrée, elle se présente mal
si elle n'est pas enrichie de truffes. Qui n'a pas
senti sa bouche se mouiller en entendant parler de
truffes à la provençale!

Un sauté de truffes est le plat dont la maîtresse
de la maison se réserve de faire les honneurs; bref,
la truffe est le diamant de la cuisine.

J'ai cherché la raison de cette préférence, car
il m'a semblé que plusieurs autres substances avaient
un droit égal à cet honneur, et je l'ai trouvée dans
la persuasion assez générale où l'on est que la truffe

dispose aux plaisirs génésiques ; et, qui plus est, je me suis assuré que la plus grande partie de nos perfections, de nos prédilections et de nos admirations proviennent de la même cause : tant est puissant et général le servage où nous tient ce sens tyrannique et capricieux !

Cette découverte m'a conduit à désirer de savoir si l'effet est réel et l'opinion fondée en réalité.

Une pareille recherche est sans doute scabreuse, et pourrait prêter à rire aux malins ; mais honni soit qui mal y pense ! Toute vérité est bonne à découvrir.

Je me suis d'abord adressé aux dames, parce qu'elles ont le coup d'œil juste et le tact fin ; mais je me suis bientôt aperçu que j'aurais dû commencer cette disquisition quarante ans plus tôt, et je n'en ai reçu que des réponses ironiques ou évasives ; une seule y a mis de la bonne foi, et je vais la laisser parler. C'est une femme spirituelle sans prétention, vertueuse sans bégueulerie, et pour qui l'amour n'est plus qu'un souvenir aimable.

« Monsieur, me dit-elle, dans le temps où l'on soupait encore, je soupai un jour chez moi en trio, avec mon mari et un de ses amis. Verseuil (c'était le nom de cet ami) était beau garçon, ne manquait pas d'esprit, et venait souvent chez moi. Mais il ne m'avait jamais rien dit qui pût le faire regarder comme mon amant, et, s'il me faisait la cour, c'était

d'une manière si enveloppée qu'il n'y a qu'une sotte
qui eût pu s'en fâcher. Il paraissait, ce jour-là,
destiné à me tenir compagnie pendant le reste de
la soirée, car mon mari avait un rendez-vous d'affaires et devait nous quitter bientôt. Notre souper,
assez léger d'ailleurs, avait cependant pour base
une superbe volaille truffée. Le subdélégué de
Périgueux nous l'avait envoyée. En ce temps c'était
un cadeau, et, d'après son origine, vous pensez
bien que c'était une perfection. Les truffes surtout
étaient délicieuses, et vous savez que je les aime
beaucoup. Cependant, je me contins; je ne bus
aussi qu'un seul verre de champagne : j'avais je
ne sais quel pressentiment de femme que la soirée
ne se passerait pas sans quelque événement. Bientôt mon mari partit, et me laissa seule avec Verseuil,
qu'il regardait comme tout à fait sans conséquence.
La conversation roula d'abord sur des sujets indifférens, mais elle ne tarda pas à prendre une tournure plus serrée et plus intéressante. Verseuil fut
successivement flatteur, expansif, affectueux, cares-
sant, et, voyant que je ne faisais que plaisanter de
tant de belles choses, il devint si pressant que je
ne pus plus me tromper sur ses prétentions. Alors
je me réveillai comme d'un songe, et me défendis
avec d'autant plus de franchise que mon cœur ne
me disait rien pour lui. Il persistait avec une action
qui pouvait devenir tout à fait offensante; j'eus

beaucoup de peine à le ramener ; et j'avoue, à ma honte, que je n'y parvins que parce que j'eus l'art de lui faire croire que toute espérance ne lui serait pas interdite. Enfin, il me quitta ; j'allai me coucher et dormis tout d'un somme. Mais le lendemain fut le jour du jugement ; j'examinai ma conduite de la veille, et je la trouvai répréhensible. J'aurais dû arrêter Verseuil dès les premières phrases, et ne pas me prêter à une conversation qui ne présageait rien de bon. Ma fierté aurait dû se réveiller plus tôt, mes yeux s'armer de sévérité ; j'aurais dû sonner, crier, me fâcher, faire enfin tout ce que je ne fis pas. Que vous dirai-je, Monsieur ? je mis tout cela sur le compte des truffes. Je suis réellement persuadée qu'elles m'avaient donné une prédisposition dangereuse ; et, si je n'y renonçai pas (ce qui eût été trop rigoureux), du moins je n'en mange jamais sans que le plaisir qu'elles me causent ne soit mêlé d'un peu de défiance. »

Un aveu, quelque franc qu'il soit, ne peut jamais faire doctrine. J'ai donc cherché des renseignemens ultérieurs ; j'ai rassemblé mes souvenirs ; j'ai consulté les hommes qui, par état, sont investis de plus de confiances individuelles ; je les ai réunis en comité, en tribunal, en sénat, en sanhédrin, en aréopage, et nous avons rendu la décision suivante pour être commentée par les littérateurs du XXV⁰ siècle :

« La truffe n'est point un aphrodisiaque positif ;

« mais elle peut, en certaines occasions, rendre les
« femmes plus tendres et les hommes plus aima-
« bles. »

On trouve en Piémont des truffes blanches qui
sont très estimées ; elles ont un petit goût d'ail qui
ne nuit point à leur perfection, parce qu'il ne donne
lieu à aucun retour désagréable.

Les meilleures truffes de France viennent du Périgord et de la haute Provence ; c'est vers le mois de
janvier qu'elles ont tout leur parfum.

Il en vient aussi en Bugey qui sont de très
haute qualité ; mais cette espèce a le défaut de ne
pas se conserver. J'ai fait, pour les offrir aux flâ-
neurs des bords de la Seine, quatre tentatives dont
une seule a réussi ; mais pour lors ils jouirent de la
bonté de la chose et du mérite de la difficulté
vaincue.

Les truffes de Bourgogne et du Dauphiné sont
de qualité inférieure ; elles sont dures et manquent
d'avoine. Ainsi, il y a truffes et truffes, comme il y
a fagots et fagots.

On se sert le plus souvent, pour trouver les
truffes, de chiens et de cochons qu'on dresse à cet
effet ; mais il est des hommes dont le coup d'œil
est si exercé qu'à l'inspection d'un terrain, ils peuvent dire, avec quelque certitude, si on y peut
trouver des truffes, et quelle en est la grosseur et
la qualité.

Les Truffes sont-elles indigestes?

Il ne nous reste plus qu'à examiner si la truffe
est indigeste.

Nous répondrons négativement.

Cette décision officielle et en dernier ressort
est fondée :

1º Sur la nature de l'objet même à examiner (la
truffe est un aliment facile à mâcher, léger de poids,
et qui n'a en soi rien de dur ni de coriace);

2º Sur nos observations pendant plus de cinquante ans, qui se sont écoulés sans que nous ayons
vu en indigestion aucun mangeur de truffes;

3º Sur l'attestation des plus célèbres praticiens
de Paris, cité admirablement gourmande et truf-
fivore par excellence;

4º Enfin, sur la conduite journalière de ces docteurs de la loi, qui, toutes choses égales, consom-
ment plus de truffes qu'aucune autre classe de ci-
toyens; témoin, entre autres, le docteur Malouet,
qui en absorbait des quantités à indigérer un élé-
phant, et qui n'en a pas moins vécu jusqu'à quatre-
vingt-six ans.

Ainsi, on peut regarder comme certain que la
truffe est un aliment aussi sain qu'agréable, et qui,
pris avec modération, passe comme une lettre à la
poste.

Ce n'est pas qu'on ne puisse être indisposé à la

suite d'un grand repas où, entre autres choses, on aurait mangé des truffes; mais ces accidens n'arrivent qu'à ceux qui, s'étant déjà, au premier service, bourrés comme des canons, se crèvent encore au second, pour ne pas laisser passer intactes les bonnes choses qui leur sont offertes.

Alors ce n'est point la faute des truffes, et on peut assurer qu'ils seraient encore plus malades si, au lieu de truffes, ils avaient, en pareilles circonstances, avalé la même quantité de pommes de terre.

Finissons par un fait qui montre combien il est facile de se tromper quand on n'observe pas avec soin.

J'avais un jour invité à diner M. Simonard, vieillard fort aimable, et gourmand au plus haut de l'échelle. Soit parce que je connais ses goûts, soit pour prouver à tous mes convives que j'avais leurs jouissances à cœur, je n'avais pas épargné les truffes, et elles se présentaient sous l'égide d'un dindon vierge avantageusement farci.

M. Simonard en mangea avec énergie; et, comme je savais que jusque-là il n'en était pas mort, je le laissai faire, en l'exhortant à ne pas se presser, parce que personne ne voulait attenter à la propriété qui lui était acquise.

Tout se passa très bien, et on se sépara assez tard; mais, arrivé chez lui, M. Simonard fut saisi de violentes coliques d'estomac, avec des envies de vomir, une toux convulsive et un malaise général.

Cet état dura quelque temps, et donnait de l'inquiétude ; on criait déjà à l'indigestion de truffes, quand la nature vint au secours du patient. M. Simonard ouvrit sa large bouche, et éructa violemment un seul fragment de truffe qui alla frapper la tapisserie et rebondit avec force, non sans danger pour ceux qui lui donnaient des soins.

Au même instant, tous les symptômes fâcheux cessèrent ; la tranquillité reparut, la digestion reprit son cours, le malade s'endormit, et se réveilla le lendemain dispos et tout à fait sans rancune.

La cause du mal fut bientôt connue. M. Simonard mange depuis longtemps ; ses dents n'ont pas pu soutenir le travail qu'il leur a imposé ; plusieurs de ces précieux osselets ont émigré, et les autres ne conservent pas la coïncidence désirable.

Dans cet état de choses, une truffe avait échappé à la mastication et s'était presque entière précipitée dans l'abîme ; l'action de la digestion l'avait portée vers le pylore, où elle s'était momentanément engagée : c'est cet engagement mécanique qui avait causé le mal, comme l'expulsion en fut le remède.

Ainsi, il n'y eut jamais indigestion, mais seulement supposition d'un corps étranger.

C'est ce qui fut décidé par le comité consultatif,

qui vit la pièce de conviction, et qui voulut bien m'agréer pour rapporteur.

M. Simonard n'en est pas, pour cela, resté moins fidèlement attaché à la truffe; il l'aborde toujours avec la même audace; mais il a soin de la mâcher avec plus de précision, de l'avaler avec prudence, et il remercie Dieu, dans la joie de son cœur, de ce que cette précaution sanitaire lui procure une prolongation de jouissances.

§ VIII. — *Du Sucre.*

45. — Au terme où la science est parvenue aujourd'hui, on entend par *sucre* une substance douce au goût, cristallisable, et qui, par la fermentation, se résout en acide carbonique et en alcool.

Autrefois on entendait par *sucre* le sucre épaissi et cristallisé de la canne (*arundo saccharifera*).

Ce roseau est originaire des Indes; cependant il est certain que les Romains ne connaissaient pas le sucre comme chose usuelle ni comme cristallisation.

Quelques passages des livres anciens peuvent bien faire croire qu'on avait remarqué dans certains roseaux une partie extractive et douce. Lucien a dit :

Quique bibunt tenera dulces ab arundine succos.

Mais, d'une eau édulcorée par le sucre de la canne au sucre tel que nous l'avons, il y a loin, et, chez les Romains, l'art n'était point encore assez avancé pour y parvenir.

C'est dans les colonies du nouveau monde où le sucre a véritablement pris naissance; la canne y a été importée il y a environ deux siècles; elle y prospère. On a cherché à utiliser le jus doux qui en découle, et, de tâtonnemens en tâtonnemens, on est parvenu à en extraire successivement du veson, du sirop, du sucre terré, de la mélasse et du sucre raffiné à différens degrés.

La culture de la canne à sucre est devenue un objet de la plus haute importance, car elle est une source de richesses soit pour ceux qui la font cultiver, soit pour ceux qui commercent de son produit, soit pour ceux qui l'élaborent, soit enfin pour les gouvernemens qui le soumettent aux impositions.

Du Sucre indigène.

On a cru pendant longtemps qu'il ne fallait pas moins que la chaleur des tropiques pour faire élaborer le sucre; mais, vers 1740, Margraff le découvrit dans quelques plantes des zones tempérées, et entre autres de la betterave; et cette vérité fut poussée jusqu'à la démonstration par les travaux que fit à Berlin le professeur Achard.

Au commencement du XIXe siècle, les circonstances ayant rendu le sucre rare et par conséquent cher en France, le gouvernement en fit l'objet de la recherche des savans.

Cet appel eut un plein succès : on s'assura que le sucre était assez abondamment répandu dans le règne végétal ; on le découvrit dans le raisin, dans la châtaigne, dans la pomme de terre et surtout dans la betterave.

Cette dernière plante devint l'objet d'une grande culture et d'une foule de tentatives qui prouvèrent que l'ancien monde pouvait, sous ce rapport, se passer du nouveau. La France se couvrit de manufactures qui travaillèrent avec divers succès, et la saccharification s'y naturalisa : art nouveau et que les circonstances peuvent quelque jour rappeler.

Parmi ces manufactures, on distingua surtout celle qu'établit à Passy, près Paris, M. Benjamin Delessert, citoyen respectable, dont le nom est toujours uni à ce qui est bon et utile.

Par une suite d'opérations bien entendues, il parvint à débarrasser la pratique de ce qu'elle avait de douteux, ne fit point mystère de ses découvertes, même à ceux qui auraient été tentés de devenir ses rivaux, reçut la visite du chef du gouvernement, et demeura chargé de fournir à la consommation du palais des Tuileries.

Des circonstances nouvelles, la Restauration et la

paix, ayant ramené le sucre des colonies à des prix
assez bas, les manufactures de sucre de betterave
ont perdu une grande partie de leurs avantages.
Cependant il en est encore plusieurs qui prospè-
rent; et M. Benjamin Delessert en fait chaque
année quelques milliers, sur lesquels il ne perd
point, et qui lui fournissent l'occasion de conserver
des méthodes auxquelles il peut devenir utile d'a-
voir recours [1].

Lorsque le sucre de betterave fut dans le commerce, les gens de parti, les routiniers et les igno-
rans trouvèrent qu'il avait mauvais goût, qu'il su-
crait mal; quelques-uns même prétendirent qu'il
était malsain.

Des expériences exactes et multipliées ont prouvé
le contraire, et M. le comte Chaptal en a inséré
le résultat dans son excellent livre : *La chimie
appliquée à l'agriculture,* tome II, page 13 (1re édition).

---

1. On peut ajouter qu'à sa séance générale la Société
d'encouragement pour l'industrie nationale a décerné une
médaille d'or à M. Crespel, manufacturier d'Arras, qui fa-
brique chaque année plus de cent cinquante milliers de
sucre de betterave, dont il fait un commerce avantageux,
même lorsque le sucre de canne descend à 2 fr. 20 c. le
kilogramme, ce qui provient de ce qu'on est parvenu à
tirer parti des marcs, qu'on distille pour en extraire les
esprits, et qu'on emploie ensuite à la nourriture des bes-
tiaux.

« Les sucres qui proviennent de ces diverses plantes, dit ce célèbre chimiste, sont rigoureusement de même nature, et ne diffèrent en aucune manière, lorsqu'on les a portés, par le raffinage, au même degré de pureté. Le goût, la cristallisation, la couleur, la pesanteur, sont absolument identiques, et l'on peut défier l'homme le plus habitué à juger ces produits ou à les consommer de les distinguer l'un de l'autre. »

On aura un exemple frappant de la force des préjugés et de la peine que la vérité trouve à s'établir quand on saura que, sur cent sujets de la Grande-Bretagne pris indistinctement, il n'y en a pas dix qui croient qu'on puisse faire du sucre avec de la betterave.

Divers usages du Sucre.

Le sucre est entré dans le monde par l'officine des apothicaires; il devait y jouer un grand rôle, car, pour désigner quelqu'un à qui il aurait manqué quelque chose essentielle, on disait : *C'est comme un apothicaire sans sucre.*

Il suffisait qu'il vînt de là pour qu'on le reçût avec défaveur : les uns disaient qu'il était échauffant; d'autres, qu'il attaquait la poitrine; quelques-uns, qu'il disposait à l'apoplexie. Mais la calomnie fut obligée de s'enfuir devant la vérité, et il y a plus de quatre-vingts ans que fut proféré ce mémorable apophtegme : *Le sucre ne fait de mal qu'à la bourse.*

Sous une égide aussi impénétrable, l'usage du sucre est devenu chaque jour plus fréquent, plus général, et il n'est pas de substance alimentaire qui ait subi plus d'amalgames et de transformations.

Bien des personnes aiment à manger le sucre pur, et, dans quelques cas, la plupart désespérés, la Faculté l'ordonne sous cette forme, comme un remède qui ne peut nuire, et n'a du moins rien de repoussant.

Mêlé à l'eau, il donne l'eau sucrée, boisson rafraîchissante, saine, agréable et quelquefois salutaire comme remède.

Mêlé à l'eau en plus forte dose, et concentré par le feu, il donne les sirops, qui se chargent de tous les parfums et présentent à toute heure un rafraîchissement qui plaît à tout le monde par sa variété.

Mêlé à l'eau, dont l'art vient ensuite soustraire le calorique, il donne les glaces, qui sont d'origine italienne, et dont l'importation paraît due à Catherine de Médicis.

Mêlé au vin, il donne un cordial, un restaurant tellement reconnu que, dans quelques pays, on en mouille des rôties qu'on porte aux nouveaux mariés

la première nuit de leurs noces, de la même manière qu'en pareille occasion on leur porte en Perse
des pieds de mouton au vinaigre.

Mêlé à la farine et aux œufs, il donne les bis-
cuits, les macarons, les croquignoles, les babas et
cette multitude de pâtisseries légères qui constituent l'art assez récent du pâtissier petit fournier.

Mêlé avec le lait, il donne les crèmes, les
blancs-mangers et autres préparations d'office qui
terminent si agréablement un second service, en
substituant au goût substantiel des viandes un parfum plus fin et plus éthéré.

Mêlé au café, il en fait ressortir l'arome.

Mêlé au café et au lait, il donne un aliment léger, agréable, facile à se procurer, et qui convient
parfaitement à ceux pour qui le travail de cabinet
suit immédiatement le déjeuner. Le café au lait
plaît aussi souverainement aux dames; mais l'œil
clairvoyant de la science a découvert que son usage
trop fréquent pouvait leur nuire dans ce qu'elles
ont de plus cher.

Mêlé aux fruits et aux fleurs, il donne les confitures, les marmelades, les conserves, les pâtes et
les candis, méthode conservatrice qui nous fait jouir
du parfum de ces fruits et de ces fleurs longtemps
après l'époque que la nature avait fixée pour leur
durée.

Peut-être, envisagé sous ce dernier rapport, le

sucre pourrait-il être employé avec avantage dans l'art de l'embaumement, encore peu avancé parmi nous.

Enfin le sucre, mêlé à l'alcool, donne les liqueurs spiritueuses, inventées, comme on sait, pour réchauffer la vieillesse de Louis XIV, et qui, saisissant le palais par leur énergie, et l'odorat par les gaz parfumés qui y sont joints, forment en ce moment le *nec plus ultra* des jouissances du goût.

L'usage du sucre ne se borne pas là. On peut dire qu'il est le condiment universel, et qu'il ne gâte rien. Quelques personnes en usent avec les viandes, quelquefois avec les légumes, et souvent avec les fruits à la main. Il est de rigueur dans les boissons composées les plus à la mode, telles que le punch, le négus, le sillabub et autres d'origine exotique, et ses applications varient à l'infini, parce qu'elles se modifient au gré des peuples et des individus.

Telle est cette substance, que les Français du temps de Louis XIII connaissaient à peine de nom, et qui, pour ceux du XIXe siècle, est devenue une denrée de première nécessité : car il n'est pas de femme, surtout dans l'aisance, qui ne dépense plus d'argent pour son sucre que pour son pain.

M. Delacroix, littérateur aussi estimable que fécond, se plaignait à Versailles du prix du sucre, qui, à cette époque, dépassait 5 fr. la livre. « Ah!

1   20

disait-il d'une voix douce et tendre, si jamais le sucre revient à trente sous, je ne boirai jamais d'eau qu'elle ne soit sucrée. » Ses vœux ont été exaucés ; il vit encore, et j'espère qu'il se sera tenu parole.

§ IX. — *Du Café.*

Origine du Café.

46. — Le premier cafier a été trouvé en Arabie, et, malgré les diverses transplantations que cet arbuste a subies, c'est encore de là que nous vient le meilleur café.

Une ancienne tradition porte que le café fut découvert par un berger, qui s'aperçut que son troupeau était dans une agitation et une hilarité particulières toutes les fois qu'il avait brouté les baies du cafier.

Quoi qu'il en soit de cette vieille histoire, l'honneur de la découverte n'appartiendrait qu'à moitié au chevrier observateur : le surplus appartient incontestablement à celui qui, le premier, s'est avisé de torréfier cette fève.

Effectivement, la décoction de café cru est une boisson insignifiante ; mais la carbonisation y développe un arome et y forme une huile qui caractérisent le café tel que nous le prenons, et qui resteraient éternellement inconnus sans l'intervention de la chaleur.

Les Turcs, qui sont nos maîtres en cette partie, n'emploient point le moulin pour triturer le café; ils le pilent dans des mortiers et avec des pilons de bois, et, quand ces instrumens ont été longtemps employés à cet usage, ils deviennent précieux et se vendent à de grands prix.

Il m'appartenait, à plusieurs titres, de vérifier si, en résultat, il y avait quelque différence, et laquelle des deux méthodes était préférable.

En conséquence, j'ai torréfié avec soin une livre de bon moka; je l'ai séparée en deux portions égales, dont l'une a été moulue, et l'autre pilée à la manière des Turcs.

J'ai fait du café avec l'une et l'autre des poudres; j'en ai pris de chacune pareil poids, et j'y ai versé pareil poids d'eau bouillante, agissant en tout avec une égalité parfaite.

J'ai goûté ce café et l'ai fait déguster par les plus gros bonnets. L'opinion unanime a été que celui qui résultait de la poudre pilée était évidemment supérieur à celui provenu de la poudre moulue.

Chacun pourra répéter l'expérience. En attendant, je puis donner un exemple assez singulier de l'influence que peut avoir telle ou telle manière de manipuler.

« Monsieur, disait un jour Napoléon au séna-
teur Laplace, comment se fait-il qu'un verre d'eau
dans lequel je fais fondre un morceau de sucre, me
paraisse beaucoup meilleur que celui dans lequel je
mets pareille quantité de sucre pilé? — Sire, répondit le savant, il existe trois substances dont les
principes sont exactement les mêmes, savoir : le
sucre, la gomme et l'amidon ; elles ne diffèrent que
par certaines conditions dont la nature s'est réservé
le secret, et je crois qu'il est possible que, dans la
collision qui s'exerce par le pilon, quelques portions sucrées passent à l'état de gomme ou d'amidon, et causent la différence qui a lieu en ce cas. »

Ce fait a eu quelque publicité, et des observations ultérieures ont confirmé la première.

Diverses manières de faire le Café.

Il y a quelques années que toutes les idées se
portèrent simultanément sur la meilleure manière
de faire le café, ce qui provenait, sans presque
qu'on s'en doutât, de ce que le chef du gouvernement en prenait beaucoup.

On proposait de le faire sans le brûler, sans le
mettre en poudre, de l'infuser à froid, de le faire
bouillir pendant trois quarts d'heure, de le soumettre à l'autoclave, etc., etc., etc.

J'ai essayé dans le temps toutes ces méthodes et

celles qu'on a proposées jusqu'à ce jour, et je me suis fixé, en connaissance de cause, à celle qu'on appelle *à la Dubelloy*, qui consiste à verser de l'eau bouillante sur du café mis dans un vase de porcelaine ou d'argent percé de très petits trous. On prend cette première décoction, on la chauffe jusqu'à l'ébullition, on la repasse de nouveau, et on a un café aussi clair et aussi bon que possible.

J'ai essayé, entre autres, de faire du café dans une bouilloire à haute pression; mais j'ai eu pour résultat un café chargé d'extractif et d'amertume, bon tout au plus à gratter le gosier d'un Cosaque.

Effets du Café.

Les docteurs ont émis diverses opinions sur les propriétés sanitaires du café, et n'ont pas toujours été d'accord entre eux. Nous passerons à côté de cette mêlée pour ne nous occuper que de la plus importante, savoir : de son influence sur les organes de la pensée.

Il est hors de doute que le café porte une grande excitation dans les puissances cérébrales : aussi tout homme qui en boit pour la première fois est sûr d'être privé d'une partie de son sommeil.

Quelquefois cet effet est adouci ou modifié par l'habitude; mais il est beaucoup d'individus sur lesquels cette excitation a toujours lieu, et qui, par conséquent, sont obligés de renoncer à l'usage du café.

J'ai dit que cet effet était modifié par l'habitude, ce qui ne l'empêche pas d'avoir lieu d'une autre manière : car j'ai observé que les personnes que le café n'empêche pas de dormir pendant la nuit en ont besoin pour se tenir éveillées pendant le jour, et ne manquent pas de s'endormir pendant la soirée quand elles n'en ont pas pris après leur dîner.

Il en est encore beaucoup d'autres qui sont soporeuses toute la journée quand elles n'ont pas pris leur tasse de café dès le matin.

Voltaire et Buffon prenaient beaucoup de café ; peut-être devaient-ils à cet usage, le premier, la clarté admirable qu'on observe dans ses œuvres ; le second, l'harmonie enthousiastique qu'on trouve dans son style. Il est évident que plusieurs pages des traités sur l'*homme,* sur le *chien,* le *tigre,* le *lion* et le *cheval,* ont été écrites dans un état d'exaltation cérébrale extraordinaire.

L'insomnie causée par le café n'est pas pénible ; on a des perceptions très claires et nulle envie de dormir : voilà tout. On n'est pas agité et malheureux comme quand l'insomnie provient de toute autre cause, ce qui n'empêche pas que cette excitation intempestive ne puisse à la longue devenir très nuisible.

Autrefois il n'y avait que les personnes au moins

d'un âge mûr qui prissent du café ; maintenant tout
le monde en prend, et peut-être est-ce le coup de
fouet que l'esprit en reçoit qui fait marcher la foule
immense qui assiège toutes les avenues de l'Olympe
et du temple de Mémoire.

Le cordonnier auteur de la tragédie de *la Reine
de Palmyre,* que tout Paris a entendu lire il y a
quelques années, prenait beaucoup de café : aussi
s'est-il élevé plus haut que le *menuisier de Nevers,*
qui n'était qu'ivrogne.

Le café est une liqueur beaucoup plus énergique
qu'on ne croit communément. Un homme bien
constitué peut vivre longtemps en buvant deux
bouteilles de vin chaque jour. Le même homme ne
soutiendrait pas aussi longtemps une pareille quantité de café ; il deviendrait imbécile ou mourrait
de consomption.

J'ai vu à Londres, sur la place de Leicester, un
homme que l'usage immodéré du café avait réduit
en boule (*cripple*); il avait cessé de souffrir, s'était
accoutumé à cet état et s'était réduit à cinq ou six
tasses par jour.

C'est une obligation, pour tous les papas et ma-
mans du monde, d'interdire sévèrement le café à
leurs enfans, s'ils ne veulent pas avoir de petites
machines sèches, rabougries et vieilles à vingt ans.
Cet avis est surtout fort à propos pour les Parisiens, dont les enfans n'ont pas toujours autant

d'élémens de force et de santé que s'ils étaient nés dans certains départemens, dans celui de l'Ain, par exemple.

Je suis de ceux qui ont été obligés de renoncer au café, et je finis cet article en racontant *comme quoi* j'ai été un jour rigoureusement soumis à son pouvoir.

Le duc de Massa, pour lors ministre de la justice, m'avait demandé un travail que je voulais soigner, et pour lequel il m'avait donné peu de temps, car il le voulait du jour au lendemain.

Je me résignai donc à passer la nuit, et, pour me prémunir contre l'envie de dormir, je fortifiai mon dîner de deux grandes tasses de café, également fort et parfumé.

Je revins chez moi à sept heures pour y recevoir les papiers qui m'avaient été annoncés; mais je n'y trouvai qu'une lettre, qui m'apprenait que, par suite de je ne sais quelle formalité de bureau, je ne les recevrais que le lendemain.

Ainsi désappointé dans toute la force du terme, je retournai dans la maison où j'avais dîné, et j'y fis une partie de piquet sans éprouver aucune de ces distractions auxquelles je suis ordinairement sujet.

J'en fis honneur au café; mais, tout en recueillant cet avantage, je n'étais pas sans inquiétude sur la manière dont je passerais la nuit.

Cependant je me couchai à l'heure ordinaire,
pensant que, si je n'avais pas un sommeil bien tranquille, du moins je dormirais quatre à cinq heures,
ce qui me conduirait tout doucement au lendemain.

Je me trompais : j'avais déjà passé deux heures
au lit que je n'en étais que plus réveillé ; j'étais
dans un état d'agitation mentale très vive, et je me
figurais mon cerveau comme un moulin dont les
rouages sont en mouvement sans avoir quelque
chose à moudre.

Je sentis qu'il fallait user cette disposition, sans
quoi le besoin de repos ne viendrait point, et je
m'occupai à mettre en vers un petit conte que j'a-
vais lu depuis peu dans un livre anglais.

J'en vins assez facilement à bout, et, comme je
n'en dormais ni plus ni moins, j'en entrepris un
second ; mais ce fut inutilement. Une douzaine de
vers avaient épuisé ma verve poétique, et il fallut
y renoncer.

Je passai donc la nuit sans dormir et sans même
être assoupi un seul instant ; je me levai et passai
la journée dans le même état, sans que ni les repas,
ni les occupations, y apportassent aucun changement. Enfin, quand je me couchai à mon heure
accoutumée, je calculai qu'il y avait quarante heures
que je n'avais pas fermé les yeux.

§ X. — *Du Chocolat.*

Origine du Chocolat.

47. — Ceux qui les premiers abordèrent en Amérique y furent poussés par la soif de l'or. A cette époque, on ne connaissait presque de valeurs que celles qui sortaient des mines : l'agriculture, le commerce, étaient dans l'enfance, et l'économie politique n'était pas encore née. Les Espagnols trouvèrent donc des métaux précieux, découverte à peu près stérile, puisqu'ils se déprécient en se multipliant, et que nous avons bien des moyens plus actifs pour augmenter la masse des richesses[1].

Mais ces contrées, où un soleil de toutes les chaleurs fait fermenter des champs d'une extrême fécondité, se sont trouvées propres à la culture du sucre et du café; on y a, en outre, découvert la pomme de terre, l'indigo, la vanille, le kina, le cacao, etc., et ce sont là de véritables trésors.

Si ces découvertes ont eu lieu, malgré les barrières qu'opposait à la curiosité une nation jalouse, on peut raisonnablement espérer qu'elles seront dé-

---

1. On assure, en ce moment, qu'il s'est formé à Londres deux cents compagnies pour exploiter les mines de l'Amérique espagnole. S'il en est ainsi, il faut acheter des terres : dans peu. on les couvrira d'écus.

cuplées dans les années qui vont suivre, et que les recherches que feront les savans de la vieille Europe dans tant de pays inexplorés enrichiront les trois règnes d'une multitude de substances qui nous donneront des sensations nouvelles, comme a fait la vanille, ou augmenteront nos ressources alimentaires, comme le cacao.

On est convenu d'appeler *chocolat* le mélange qui résulte de l'amande de cacao grillée avec le sucre et la cannelle : telle est la définition classique du chocolat. Le sucre en fait partie intégrante, car, avec du cacao tout seul, on ne fait que de la pâte de cacao, et non du chocolat. Quand, au sucre, à la cannelle et au cacao, on joint l'arome délicieux de la vanille, on atteint le *nec plus ultra* de la perfection à laquelle cette préparation peut être portée.

C'est à ce petit nombre de substances que le goût et l'expérience ont réduit les nombreux ingrédiens qu'on avait tenté d'associer au cacao, tels que le poivre, le piment, l'anis, le gingembre, l'aciole et autres dont on a successivement fait l'essai.

Le cacaoyer est indigène de l'Amérique méridionale; on le trouve également dans les îles et sur le continent; mais on convient maintenant que les arbres qui donnent le meilleur fruit sont ceux qui croissent sur les bords du Macaraïbo, dans les vallées de Caracas et dans la riche province de Soconusco.

L'amande y est plus grosse, le suc moins acerbe et l'arome plus exalté. Depuis que ces pays sont devenus plus accessibles, la comparaison a pu se faire tous les jours, et les palais exercés ne s'y trompent plus.

Les dames espagnoles du nouveau monde aiment le chocolat jusqu'à la fureur, au point que, non contentes d'en prendre plusieurs fois par jour, elles s'en font quelquefois apporter à l'église. Cette sensualité leur a souvent attiré la censure des évêques; mais ils ont fini par fermer les yeux, et le révérend père Escobar, dont la métaphysique fut aussi subtile que sa morale était accommodante, déclara formellement que le chocolat à l'eau ne rompait pas le jeûne, étirant ainsi, en faveur de ses pénitentes, l'ancien adage : *Liquidum non frangit jejunium.*

Le chocolat fut apporté en Espagne vers le XVIIe siècle, et l'usage en devint promptement populaire, par le goût très prononcé que marquèrent pour cette boisson aromatique les femmes et surtout les moines. Les mœurs n'ont point changé à cet égard, et encore aujourd'hui, dans toute la péninsule, on présente du chocolat dans toutes les occasions où il est de la politesse d'offrir quelques rafraîchissemens.

Le chocolat passa les monts avec Anne d'Autriche, fille de Philippe III et épouse de Louis XIII. Les moines espagnols le firent aussi connaître par les cadeaux qu'ils en firent à leurs confrères de France. Les divers ambassadeurs d'Espagne contribuèrent aussi à le mettre en vogue, et, au commencement de la Régence, il était plus universellement en usage que le café, parce qu'alors on le prenait comme un aliment agréable, tandis que le café ne passait encore que comme une boisson de luxe et de curiosité.

On sait que Linné appelle le cacao *cacao theobroma* (boisson des dieux). On a cherché une cause à cette qualification emphatique : les uns l'attribuent à ce que ce savant aimait passionnément le chocolat; les autres, à l'envie qu'il avait de plaire à son confesseur; d'autres enfin, à sa galanterie, en ce que c'est une reine qui en avait la première introduit l'usage. (*Incertum.*)

Propriétés du Chocolat.

Le chocolat a donné lieu à de profondes dissertations, dont le but était d'en déterminer la nature et les propriétés, et de le placer dans la catégorie des alimens chauds, froids ou tempérés; et il faut avouer que ces doctes écrits ont peu servi à la manifestation de la vérité.

Mais, avec le temps et l'expérience, ces deux grands maîtres, il est resté pour démontré que le chocolat préparé avec soin est un aliment aussi sa-

lutaire qu'agréable; qu'il est nourrissant, de facile
digestion; qu'il n'a pas pour la beauté les inconvéniens qu'on reproche au café, dont il est au contraire le remède; qu'il est très convenable aux personnes qui se livrent à une grande contention
d'esprit, aux travaux de la chaire ou du barreau,
et surtout aux voyageurs; qu'enfin il convient aux
estomacs les plus faibles; qu'on en a eu de bons
effets dans les maladies chroniques, et qu'il devient
la dernière ressource dans les affections du pylore.

Ces diverses propriétés, le chocolat les doit à ce
que, n'étant, à vrai dire, qu'un *elæosaccharum*, il
est peu de substances qui contiennent, à volume
égal, plus de particules alimentaires, ce qui fait
qu'il s'animalise presque en entier.

Pendant la guerre, le cacao était rare, et surtout
très cher. On s'occupa de le remplacer, mais tous
les efforts furent vains; et un des bienfaits de la
paix a été de nous débarrasser de ces divers brouets
qu'il fallait bien goûter par complaisance, et qui
n'étaient pas plus du chocolat que l'infusion de
chicorée n'est du café moka.

Quelques personnes se plaignent de ne pouvoir
pas digérer le chocolat; d'autres, au contraire, pré-
tendent qu'il ne les nourrit pas assez et qu'il passe
trop vite.

Il est très probable que les premiers ne doivent
s'en prendre qu'à eux-mêmes, et que le chocolat

dont ils usent est de mauvaise qualité ou mal fabriqué : car le chocolat bon et bien fait doit passer dans tout estomac où il reste un peu de pouvoir digestif.

Quant aux autres, le remède est facile : il faut qu'ils renforcent leur déjeuner par le petit pâté, la côtelette ou le rognon à la brochette; qu'ils versent sur le tout un bon bol de *soconusco,* et qu'ils remercient Dieu de leur avoir donné un estomac d'une activité supérieure.

Ceci me donne occasion de consigner ici une observation sur l'exactitude de laquelle on peut compter.

Quand on a bien, complètement et copieusement déjeuné, si on avale sur le tout une ample tasse de bon chocolat, on aura parfaitement digéré trois heures après, et on dînera quand même... Par zèle pour la science, et à force d'éloquence, j'ai fait tenter cette expérience à bien des dames, qui assuraient qu'elles en mourraient : elles s'en sont toujours trouvées à merveille, et n'ont pas manqué de glorifier le professeur.

Les personnes qui font usage du chocolat sont celles qui jouissent d'une santé plus constamment égale, et qui sont le moins sujettes à une foule de petits maux qui nuisent au bonheur de la vie; leur embonpoint est aussi plus stationnaire : ce sont deux avantages que chacun peut vérifier dans sa société et parmi ceux dont le régime est connu.

C'est ici le vrai lieu de parler des propriétés du chocolat à l'ambre, propriétés que j'ai vérifiées par un grand nombre d'expériences, et dont je suis tout fier d'offrir le résultat à mes lecteurs[1].

Or donc, que tout homme qui aura bu quelques traits de trop à la coupe de la volupté; que tout homme qui aura passé à travailler une portion notable du temps qu'on doit employer à dormir; que tout homme d'esprit qui se sentira temporairement devenu bête; que tout homme qui trouvera l'air humide, le temps long et l'atmosphère difficile à porter; que tout homme qui sera tourmenté d'une idée fixe qui lui ôtera la liberté de penser; que tous ceux-là, disons-nous, s'administrent un bon demi-litre de chocolat ambré, à raison de soixante à soixante-douze grains d'ambre par demi-kilogramme, et ils verront merveilles.

Dans ma manière particulière de spécifier les choses, je nomme le chocolat à l'ambre *chocolat des affligés,* parce que dans chacun des divers états que j'ai désignés on éprouve je ne sais quel sentiment *qui leur est commun,* et qui ressemble à l'affliction.

---

1. Voyez aux VARIÉTÉS.

Difficultés pour faire de bon Chocolat.

On fait en Espagne de fort bon chocolat; mais on s'est dégoûté d'en faire venir, parce que tous les préparateurs ne sont pas également habiles, et que, quand on l'a reçu mauvais, on est bien forcé de le consommer comme il est.

Les chocolats d'Italie conviennent peu aux Français; en général, le cacao en est trop rôti, ce qui rend le chocolat amer et peu nourrissant, parce qu'une partie de l'amande a passé à l'état de charbon.

Le chocolat étant devenu tout à fait usuel en France, tout le monde s'est avisé d'en faire; mais peu sont arrivés à la perfection, parce que cette fabrication est bien loin d'être sans difficulté.

D'abord, il faut connaître le bon cacao et *vouloir* en faire usage dans toute sa pureté, car il n'est pas de caisse de premier choix qui n'ait ses infériorités, et un intérêt mal entendu laisse souvent passer des amandes avariées, que le désir de bien faire devrait faire rejeter.

Le rôtissage du cacao est encore une opération délicate; elle exige un certain tact presque voisin de l'inspiration. Il est des ouvriers qui le tiennent de la nature et qui ne se trompent jamais.

Il faut encore un talent particulier pour bien régler la quantité de sucre qui doit entrer dans la

I

composition ; elle ne doit point être invariable et
routinière, mais se déterminer en raison composée
du degré d'arome de l'amande et de celui de tor-
réfaction auquel on s'est arrêté.

La trituration et le mélange ne demandent pas
moins de soins, en ce que c'est de leur perfection
absolue que dépend en partie le plus ou moins de
digestibilité du chocolat.

D'autres considérations doivent présider au choix
et à la dose des aromates, qui ne doit pas être la
même pour les chocolats destinés à être pris comme
alimens et pour ceux qui sont destinés à être
mangés comme friandise ; elle doit varier aussi suivant que la masse doit ou ne doit pas recevoir de la
vanille : de sorte que, pour faire du chocolat exquis, il faut résoudre une quantité d'équations très
subtiles, dont nous profitons sans nous douter
qu'elles ont eu lieu.

Depuis quelque temps, on a employé les machines pour la fabrication du chocolat. Nous ne
pensons pas que cette méthode ajoute rien à sa
perfection ; mais elle diminue de beaucoup la main-
d'œuvre, et ceux qui ont adopté cette méthode
pourraient donner la marchandise à meilleur marché. Cependant ils vendent ordinairement plus cher,
ce qui nous apprend trop que le véritable esprit
commercial n'est point encore naturalisé en France:
car, en bonne justice, la facilité procurée par les

machines doit profiter également au marchand et au consommateur.

Amateur de chocolat, nous avons à peu près parcouru l'échelle des préparateurs, et nous nous sommes fixé à M. Debauve, rue des Saints-Pères, n° 26, chocolatier du roi, en nous réjouissant de ce que le rayon solaire est tombé sur le plus digne.

Il n'y a pas à s'en étonner : M. Debauve, pharmacien très distingué, a porté dans la fabrication du chocolat des lumières qu'il avait acquises pour en faire usage dans une sphère plus étendue.

Ceux qui n'ont pas manipulé ne se doutent pas des difficultés qu'on éprouve pour parvenir à la perfection, en quelque matière que ce soit, ni de ce qu'il faut d'attention, de tact et d'expérience pour nous présenter un chocolat qui soit sucré sans être fade, ferme sans être acerbe, aromatique sans être malsain, et lié sans être féculent.

Tels sont les chocolats de M. Debauve : ils doivent leur suprématie à un bon choix de matériaux, à une volonté ferme que rien d'inférieur ne sorte de sa manufacture, et au coup d'œil du maître, qui embrasse tous les détails de la fabrication.

En suivant les lumières d'une saine doctrine, M. Debauve a cherché, en outre, à offrir à ses nombreux clients des médicamens agréables contre quelques tendances maladives.

Ainsi, aux personnes qui manquent d'embonpoint, il offre le chocolat analeptique au salep; à celles qui ont les nerfs délicats, le chocolat anti-spasmodique à la fleur d'orange; aux tempéramens susceptibles d'irritation, le chocolat au lait d'amandes : à quoi il ajoutera sans doute le *chocolat des affligés,* ambré et dosé *secundum artem.*

Mais son principal mérite est surtout de nous offrir à un prix modéré un excellent chocolat usuel, où nous trouvons le matin un déjeuner suffisant, qui nous délecte à dîner, dans les crèmes, et nous réjouit encore, sur la fin de la soirée, dans les glaces, les croquettes et autres friandises de salon, sans compter la distraction agréable des pastilles et dia-blotins, avec ou sans devises.

Nous ne connaissons M. Debauve que par ses préparations (nous ne l'avons jamais vu); mais nous savons qu'il contribue puissamment à affranchir la France du tribut qu'elle payait autrefois à l'Espagne, en ce qu'il fournit à Paris et aux provinces un chocolat dont la réputation croît sans cesse. Nous savons encore qu'il reçoit journellement de nouvelles commandes de l'étranger : c'est donc sous ce rapport, et comme membre fondateur de la Société d'encouragement pour l'industrie nationale, que nous lui accordons ici un suffrage et une mention dont on verra bien que nous ne sommes pas pro-digue.

Manière officielle de préparer le Chocolat.

Les Américains préparent leur pâte de cacao sans sucre. Lorsqu'ils veulent prendre du chocolat, ils font apporter de l'eau bouillante; chacun râpe dans sa tasse la quantité qu'il veut de cacao, verse l'eau chaude dessus, et ajoute le sucre et les aromates comme il juge convenable.

Cette méthode ne convient ni à nos mœurs ni à nos goûts, et nous voulons que le chocolat nous arrive tout préparé.

En cet état, la chimie transcendante nous a appris qu'il ne faut ni le racler au couteau, ni le broyer au pilon, parce que la collision sèche, qui a lieu dans les deux cas, amidonise quelques portions de sucre et rend cette boisson plus fade.

Ainsi, pour faire du chocolat, c'est-à-dire pour le rendre propre à la consommation immédiate, on en prend environ une once et demie pour une tasse, qu'on fait dissoudre doucement dans l'eau, à mesure qu'elle s'échauffe, en la remuant avec une spatule de bois; on la fait bouillir pendant un quart d'heure pour que la solution prenne consistance, et on sert chaudement.

« Monsieur, me disait, il y a plus de cinquante ans, madame d'Arestel, supérieure du couvent de la Visitation, à Belley, quand vous voudrez prendre du bon chocolat, faites-le faire dès la veille dans une cafetière de faïence, et laissez-le là. Le repos de la nuit le concentre et lui donne un velouté qui le rend bien meilleur. Le bon Dieu ne peut pas s'offenser de ce petit raffinement, car il est lui-même tout excellence. »

Méd.VI.

Méditation VII.

MÉDITATION VII

THÉORIE DE LA FRITURE [1]

---

48. — C'était un beau jour du mois de mai : le soleil versait ses rayons les plus doux sur les toits enfumés de la ville aux jouissances, et les rues (chose rare) ne présentaient ni boue ni poussière.

Les lourdes diligences avaient depuis longtemps cessé d'ébranler le pavé; les tombereaux massifs se reposaient encore, et on ne voyait plus circuler que

---

1. Ce mot *friture* s'applique également à l'action de frire, au moyen employé pour frire et à la chose frite.

ces voitures découvertes d'où les beautés indigènes et exotiques, abritées sous les chapeaux les plus élégants, ont coutume de laisser tomber des regards tant dédaigneux sur les chétifs, et tant coquets sur les beaux garçons.

Il était donc trois heures après midi quand le professeur vint s'asseoir dans le fauteuil aux méditations.

Sa jambe droite était verticalement appuyée sur le parquet; la gauche, en s'étendant, formait une diagonale; il avait les reins convenablement adossés, et ses mains étaient posées sur les têtes de lion qui terminent les sous-bras de ce meuble vénérable.

Son front élevé indiquait l'amour des études sévères, et sa bouche le goût des distractions aimables. Son air était recueilli, et sa pose telle que tout homme qui l'eût vu n'aurait pas manqué de dire : « Cet *ancien des jours* doit être un sage. »

Ainsi établi, le professeur fit appeler son préparateur en chef; et bientôt le serviteur arriva, prêt à recevoir des conseils, des leçons ou des ordres.

ALLOCUTION.

« Maître La Planche, dit le professeur avec cet accent grave qui pénètre jusqu'au fond des cœurs, tous ceux qui s'asseyent à ma table vous proclament *potagiste* de première classe : ce qui est fort bien, car le potage est la première consolation de l'estomac besoigneux; mais je vois avec peine que vous n'êtes encore qu'un *friturier* incertain.

« Je vous entendis hier gémir sur cette sole triomphale que vous nous servîtes pâle, mollasse et décolorée. Mon ami Revenaz [1] jeta sur vous un regard désapprobateur; M. Henri Roux porta à l'ouest son nez gnomonique, et le président Sibuet déplora cet accident à l'égal d'une calamité publique.

« Ce malheur vous arriva pour avoir négligé la théorie dont vous ne sentez pas toute l'importance. Vous êtes un peu opiniâtre, et j'ai de la peine à vous faire concevoir que les phénomènes qui se passent dans votre laboratoire ne sont autre chose que l'exécution des lois éternelles de la nature, et que certaines choses que vous faites sans attention, et seulement parce que vous les avez vu faire aux autres, n'en dérivent pas moins des plus hautes abstractions de la science.

« Écoutez donc avec attention, et instruisez-vous, pour n'avoir plus désormais à rougir de vos œuvres.

---

1. Alexis Revenaz, né à Seisset, district de Belley, vers 1757. Électeur du grand collège, on peut le proposer à tous comme exemple des résultats heureux d'une conduite prudente, jointe à la plus inflexible probité.

§ Ier. — *Chimie.*

« Les liquides que vous exposez à l'action du feu
ne peuvent pas tous se charger d'une égale quantité de chaleur ; la nature les y a disposés inégale-
ment : c'est un ordre de choses dont elle s'est réservé le secret, et que nous appelons *capacité du
calorique.*

« Ainsi, vous pourriez tremper impunément votre
doigt dans l'esprit-de-vin bouillant ; vous le retire-
riez bien vîte de l'eau-de-vie, plus vite encore si
c'était de l'eau, et une immersion rapide dans l'huile
bouillante vous ferait une blessure cruelle, car l'huile
peut s'échauffer au moins trois fois plus que l'eau.

« C'est par une suite de cette disposition que les
liquides chauds agissent d'une manière différente
sur les corps sapides qui y sont plongés. Ceux qui
sont traités à l'eau se ramollissent, se dissolvent et
se réduisent en bouillie : il en provient du bouillon
ou des extraits ; ceux, au contraire, qui sont traités
à l'huile se resserrent, se colorent d'une manière
plus ou moins foncée, et finissent par se char-
bonner.

« Dans le premier cas, l'eau dissout et entraîne
les sucs intérieurs des alimens qui y sont plongés ;
dans le second, ces sucs sont conservés, parce que

l'huile ne peut pas les dissoudre; et, si ces corps se dessèchent, c'est que la continuation de la chaleur finit par en vaporiser les parties humides.

« Les deux méthodes ont aussi des noms différens, et on appelle *frire* l'action de faire bouillir dans l'huile ou la graisse des corps destinés à être mangés. Je crois déjà vous avoir dit que, sous le rapport officinal, *huile* ou *graisse* sont à peu près synonymes, la graisse n'étant qu'une huile concrète, ou l'huile une graisse liquide.

§ II. — *Application*.

« Les choses frites sont bien reçues dans les festins; elles y introduisent une variation piquante; elles sont agréables à la vue, conservent leur goût primitif, et peuvent se manger à la main, ce qui plaît toujours aux dames.

« La friture fournit encore aux cuisiniers bien des moyens pour masquer ce qui a paru la veille, et leur donne au besoin des secours pour les cas imprévus, car il ne faut pas plus de temps pour frire une carpe de quatre livres que pour cuire un œuf à la coque.

« Tout le mérite d'une bonne friture provient de la *surprise* : c'est ainsi qu'on appelle l'invasion du liquide bouillant, qui carbonise ou roussit, à l'instant même de l'immersion, la surface extérieure du corps qui lui est soumis.

« Au moyen de la *surprise,* il se forme une espèce de voûte qui contient l'objet, empêche la graisse de le pénétrer, et concentre les sucs, qui subissent ainsi une coction intérieure qui donne à l'aliment tout le goût dont il est susceptible.

« Pour que la *surprise* ait lieu, il faut que le liquide bouillant ait acquis assez de chaleur pour que son action soit brusque et instantanée ; mais il n'arrive à ce point qu'après avoir été exposé assez longtemps à un feu vif et flamboyant.

« On connaît par le moyen suivant que la friture est chaude au degré désiré : vous coupez un morceau de pain en forme de mouillette, et vous le trempez dans la poêle pendant cinq ou six secondes ; si vous le retirez ferme et coloré, opérez immédiatement l'immersion ; sinon, il faut pousser le feu et recommencer l'essai.

« La *surprise* une fois opérée, modérez le feu, afin que la coction ne soit pas trop précipitée et que les sucs que vous avez renfermés subissent, au moyen d'une chaleur prolongée, le changement qui les unit et en rehausse le goût.

« Vous avez sans doute observé que la surface des objets bien frits ne peut plus dissoudre ni le sel ni le sucre, dont ils ont cependant besoin, suivant leur nature diverse. Ainsi, vous ne manquerez pas de réduire ces deux substances en poudre très fine, afin qu'elles contractent une grande facilité d'adhérence, et qu'au moyen du saupoudroir la friture puisse s'en assaisonner par juxtaposition.

« Je ne vous parle pas du choix des huiles et des graisses : les dispensaires divers dont j'ai composé votre bibliothèque vous ont donné là-dessus des lumières suffisantes.

« Cependant n'oubliez pas, quand il vous arrivera quelques-unes de ces truites qui dépassent à peine un quart de livre, et qui proviennent des ruisseaux d'eau vive qui murmurent loin de la capitale, n'oubliez pas, dis-je, de les frire avec ce que vous aurez de plus fin en huile d'olives. Ce mets si simple, dûment saupoudré et rehaussé de tranches de citron, est digne d'être offert à une éminence [1].

« Traitez de même les éperlans, dont les adeptes

---

1. M. Aulissio, avocat napolitain très instruit et joli amateur violoncelliste, dînait un jour chez moi, et, mangeant quelque chose qui lui parut fort à son gré, me dit : « Questo e un vero *bocone di cardinale !*— Pourquoi, lui répondis-je dans la même langue, ne dites-vous pas, comme nous : *un morceau de roi?*— Monsieur, répliqua l'amateur, nous autres Italiens, nous croyons que les rois ne peuvent pas être gourmands, parce que leurs repas sont trop courts et trop solennels; mais les cardinaux ! Eh !!! » Et il fit le petit hurlement qui lui est familier : *Hou hou ! hou hou ! hou hou !*

font tant de cas. L'éperlan est le becfigue des eaux : même petitesse, même parfum, même supériorité.

« Ces deux prescriptions sont encore fondées sur la nature des choses. L'expérience a appris qu'on ne doit se servir d'huile d'olives que pour les opérations qui peuvent s'achever en peu de temps, ou qui n'exigent pas une grande chaleur, parce que l'ébullition prolongée y développe un goût empyreumatique et désagréable, qui provient de quelque partie de parenchyme dont il est très difficile de la débarrasser et qui se charbonnent.

« Vous avez essayé mon enfer, et, le premier, vous avez eu la gloire d'offrir à l'univers étonné un immense turbot frit. Il y eut, ce jour-là, grande jubilation parmi les élus.

« Allez, continuez à soigner tout ce que vous faites, et n'oubliez jamais que, du moment où les convives ont mis le pied dans mon salon, c'est *nous* qui demeurons chargés du soin de leur bonheur. »

MÉDITATION VIII

DE LA SOIF

---

49. — La soif est le sentiment intérieur du besoin
de boire.

Une chaleur d'environ 32 degrés de Réaumur vaporisant sans cesse les divers fluides dont la
circulation entretient la vie, la déperdition qui en
est la suite aurait bientôt rendu ces fluides inaptes
à remplir leur destination, s'ils n'étaient souvent
renouvelés et rafraîchis : c'est ce besoin qui fait
sentir la soif.

Nous croyons que le siège de la soif réside dans

tout le système digesteur. Quand on a soif (et, en notre qualité de chasseur, nous y avons souvent été exposé), on sent distinctement que toutes les parties inhalentes de la bouche, du gosier et de l'estomac sont entreprises et nérétisées; et, si quelquefois on apaise la soif par l'application des liquides ailleurs qu'à ces organes, comme par exemple le bain, c'est qu'aussitôt qu'ils sont introduits dans la circulation ils sont rapidement portés vers le siège du mal, et s'y appliquent comme remèdes.

Diverses espèces de soif.

En envisageant ce besoin dans toute son étendue, on peut compter trois espèces de soif : la soif latente, la soif factice, et la soif adurante.

La soif latente ou habituelle est cet équilibre insensible qui s'établit entre la vaporisation transpiratoire et la nécessité d'y fournir; c'est elle qui, sans que nous éprouvions quelque douleur, nous invite à boire pendant le repas, et fait que nous pouvons boire presque à tous les momens de la journée. Cette soif nous accompagne partout et fait en quelque façon partie de notre existence.

La soif factice, qui est spéciale à l'espèce humaine, provient de cet instinct inné qui nous porte à chercher dans les boissons une force que la nature n'y avait pas mise, et qui n'y survient que par

point de crépuscule, et, dès qu'elle se fait sentir, il y a malaise, anxiété; et cette anxiété est affreuse quand on n'a pas l'espoir de se désaltérer.

Par une juste compensation, l'action de boire peut, suivant les circonstances, nous procurer des jouissances extrêmement vives; et, quand on apaise une soif à haut degré, ou qu'à une soif modérée on oppose une boisson délicieuse, tout l'appareil papillaire est en titillation, depuis la pointe de la langue jusque dans les profondeurs de l'estomac.

On meurt aussi beaucoup plus vite de soif que de faim. On a des exemples d'hommes qui, ayant de l'eau, se sont soutenus pendant plus de huit jours sans manger, tandis que ceux qui sont absolument privés de boissons ne passent jamais le cinquième jour.

La raison de cette différence se tire de ce que celui-ci meurt seulement d'épuisement et de faiblesse, tandis que le premier est saisi d'une fièvre qui le brûle et va toujours en s'exaspérant.

On ne résiste pas toujours si longtemps à la soif, et, en 1789, on vit mourir un des cent-suisses de la garde de Louis XVI pour avoir resté seulement vingt-quatre heures sans boire.

Il était au cabaret avec quelques-uns de ses camarades. Là, comme il présentait son verre, un d'entre eux lui reprocha de boire plus souvent que les autres et de ne pouvoir pas s'en passer un moment.

C'est sur ce propos qu'il gagea de demeurer vingt-quatre heures sans boire, pari qui fut accepté, et qui était de dix bouteilles de vin à consommer.

Dès ce moment, le soldat cessa de boire, quoiqu'il restât encore plus de deux heures à voir faire les autres avant que de se retirer.

La nuit se passa bien, comme on peut croire; mais, dès le point du jour, il trouva très dur de ne pouvoir pas prendre son petit verre d'eau-de-vie, ainsi qu'il n'y manquait jamais.

Toute la matinée, il fut inquiet et troublé; il allait, venait, se levait, s'asseyait sans raison, et avait l'air de ne savoir que faire.

A une heure, il se coucha, croyant être plus tranquille : il souffrait, il était vraiment malade; mais vainement ceux qui l'entouraient l'invitaient-ils à boire, il prétendait qu'il irait bien jusqu'au soir; il voulait gagner la gageure, à quoi se mêlait sans doute un peu d'orgueil militaire, qui l'empêchait de céder à la douleur.

Il se soutint ainsi jusqu'à sept heures; mais à sept heures et demie il se trouva mal, tourna à la mort, et expira sans pouvoir goûter à un verre de vin qu'on lui présentait.

Je fus instruit de tous ces détails, dès le soir même, par le sieur Schneider, honorable fifre de la

compagnie des cent-suisses, chez lequel je logeais
à Versailles.

Causes de la soif.

5o. — Diverses circonstances unies ou séparées
peuvent contribuer à augmenter la soif. Nous allons
en indiquer quelques-unes, qui n'ont pas été sans
influence sur nos usages.

La chaleur augmente la soif, et de là le penchant
qu'ont toujours eu les hommes à fixer leurs habita-
tions sur le bord des fleuves.

Les travaux corporels augmentent la soif : aussi
les propriétaires qui emploient des ouvriers ne
manquent jamais de les fortifier par des boissons,
et de là le proverbe que *le vin qu'on leur donne est
toujours le mieux vendu.*

La danse augmente la soif, et de là le recueil
des boissons corroborantes ou rafraîchissantes qui
ont toujours accompagné les réunions dansantes.

La déclamation augmente la soif : de là le verre
d'eau que tous les lecteurs s'étudient à boire avec
grâce, et qui se verra bientôt sur les bords de la
chaire, à côté du mouchoir blanc[1].

---

1. Le chanoine Delestra, prédicateur fort agréable, ne
manquait jamais d'avaler une noix confite dans l'intervalle
de temps qu'il laissait à ses auditeurs, entre chaque point
de son discours, pour tousser, cracher et moucher.

Les jouissances génésiques augmentent la soif :
de là ces descriptions poétiques de Chypre, Ama-
thonte, Gnide et autres lieux habités par Vénus,
où on ne manque jamais de trouver des ombrages
frais et des ruisseaux qui serpentent, coulent et
murmurent.

Les chants augmentent la soif, et de là la réputation universelle qu'ont eue les musiciens d'être
infatigables buveurs. Musicien moi-même, je m'é-
lève contre ce préjugé, qui n'a plus maintenant ni
sel ni vérité.

Les artistes qui circulent dans nos salons boivent
avec autant de discrétion que de sagacité; mais ce
qu'ils ont perdu d'un côté, ils le regagnent de
l'autre, et, s'ils ne sont plus ivrognes, ils sont
gourmands jusqu'au troisième ciel, tellement qu'on
assure qu'au Cercle d'harmonie transcendante la
célébration de la fête de sainte Cécile a duré quelquefois plus de vingt-quatre heures.

Exemple.

51. — L'exposition à un courant d'air très rapide est une cause très active de l'augmentation de
la soif, et je pense que l'observation suivante sera
lue avec plaisir, surtout par les chasseurs.

On sait que les cailles se plaisent beaucoup dans
les hautes montagnes, où la réussite de leur ponte

est plus assurée, parce que la récolte s'y fait beaucoup plus tard.

Lorsqu'on moissonne le seigle, elles passent dans les orges et les avoines; et, quand on vient à faucher ces dernières, elles se retirent dans les parties où la maturité est moins avancée.

C'est alors le moment de les chasser, parce qu'on trouve dans un petit nombre d'arpens de terre les cailles qui, un mois auparavant, étaient disséminées dans toute une commune, et que, la saison étant sur sa fin, elles sont grosses et grasses à satisfaction.

C'est dans ce but que je me trouvais un jour, avec quelques amis, sur une montagne de l'arrondissement de Nantua, dans le canton connu sous le nom de *Plan d'Hotonne,* et nous étions sur le point de commencer la chasse par un des plus beaux jours du mois de septembre, et sous l'influence d'un soleil brillant, inconnu aux *cokneys* [1].

Mais, pendant que nous déjeunions, il s'éleva un vent de nord extrêmement violent et bien contraire à nos plaisirs, ce qui ne nous empêcha pas de nous mettre en campagne.

A peine avions-nous chassé un quart d'heure que le plus douillet de la troupe commença à dire

---

1. C'est le nom par lequel on désigne les habitants de Londres qui n'en sont pas sortis; il équivaut à celui de *badauds*,

qu'il avait soif : sur quoi on l'aurait sans doute plaisanté si chacun de nous n'avait pas aussi éprouvé le même besoin.

Nous bûmes tous, car l'âne cantinier nous suivait; mais le soulagement ne fut pas long. La soif ne tarda pas à reparaître avec une telle intensité que quelques-uns se croyaient malades, d'autres prêts à le devenir; et on parlait de s'en retourner, ce qui nous aurait fait un voyage de dix lieues en pure perte.

J'avais eu le temps de recueillir mes idées, et j'avais découvert la raison de cette soif extraordinaire. Je rassemblai donc les camarades, et je leur dis que nous étions sous l'influence de quatre causes qui se réunissaient pour nous altérer : la diminution notable de la colonne qui pesait sur notre corps, qui devait rendre la circulation plus rapide; l'action du soleil, qui nous échauffait directement; la marche, qui activait la transpiration, et, plus que tout cela, l'action du vent, qui, nous perçant à jour, enlevait le produit de cette transpiration, soutirait le fluide et empêchait toute moiteur de la peau.

J'ajoutai que, sur le tout, il n'y avait aucun danger; que, l'ennemi étant connu, il fallait le combattre; et il demeura arrêté qu'on boirait à chaque demi-heure.

La précaution ne fut cependant qu'insuffisante.

Cette soif était invincible : ni le vin, ni l'eau-de-
vie, ni le vin mêlé d'eau, ni l'eau mêlée d'eau-
de-vie, n'y purent rien ; nous avions soif même en
buvant, et nous fûmes mal à notre aise toute la
journée.

Cette journée finit cependant comme une autre ;
le propriétaire du domaine de Latour nous donna
l'hospitalité, en joignant nos provisions aux
siennes.

Nous dînâmes à merveille, et bientôt nous al-
lâmes nous enterrer dans le foin et y jouir d'un
sommeil délicieux.

Le lendemain, ma théorie reçut la sanction de
l'expérience. Le vent tomba tout à fait pendant la
nuit, et, quoique le soleil fût aussi beau et même
plus chaud que la veille, nous chassâmes encore une
partie de la journée sans éprouver une soif incom-
mode.

Mais le plus grand mal était fait : nos cantines,
quoique remplies avec une sage prévoyance, n'a-
vaient pu résister aux charges réitérées que nous
avions faites sur elles ; ce n'était plus que des corps
sans âme, et nous tombâmes dans les futailles des
cabaretiers.

Il fallut bien s'y résoudre, mais ce ne fut pas sans
murmurer, et j'adressai au vent dessiccateur une allocution pleine d'invectives, quand je vis qu'un mets,
digne de la table des rois, un plat d'épinards à la

graisse de cailles, allait être arrosé d'un vin à peine aussi bon que celui de Suresnes [1].

---

1. Suresnes, village fort agréable à deux lieues de Paris. Il est renommé par ses mauvais vins. On dit proverbialement que, pour boire un verre de vin de Suresnes, il faut être trois, savoir : le buveur et deux acolytes pour le soutenir et empêcher que le cœur ne lui manque. On en dit autant du vin de Périeux, ce qui n'empêche pas qu'on ne le boive.

MÉDITATION IX

DES BOISSONS [1]

5₂. — On doit entendre par *boisson* tout liquide qui peut se mêler à nos alimens.

L'eau paraît être la boisson la plus naturelle. Elle se trouve partout où il y a des animaux, remplace le lait pour les adultes, et nous est aussi nécessaire que l'air.

·1. Ce chapitre est purement philosophique. Le détail des diverses boissons connues ne pouvait pas entrer dans le plan que je me suis formé : c'eût été à n'en plus finir.

Eau.

L'eau est la seule boisson qui apaise véritablement la soif, et c'est par cette raison qu'on n'en
peut boire qu'une assez petite quantité. La plupart
des autres liqueurs dont l'homme s'abreuve ne sont
que des palliatifs, et, s'il s'en était tenu à l'eau, on
n'aurait jamais dit de lui qu'un de ses privilèges
était de boire sans avoir soif.

Prompt effet des boissons.

Les boissons s'absorbent dans l'économie animale
avec une extrême facilité; leur effet est prompt, et
le soulagement qu'on en reçoit en quelque sorte
instantané. Servez à un homme fatigué les alimens
les plus substantiels, il mangera avec peine et n'en
éprouvera d'abord que peu de bien; donnez-lui un
verre de vin ou d'eau-de-vie, à l'instant même il se
trouve mieux, et vous le verrez renaître.

Je puis appuyer cette théorie sur un fait assez
remarquable, que je tiens de mon neveu, le colonel
Guigard, peu conteur de son naturel, mais sur la
véracité duquel on peut compter.

Il était à la tête d'un détachement qui revenait
du siège de Jaffa, et n'était éloigné que de quelques centaines de toises du lieu où on devait s'ar-

rêter et rencontrer de l'eau, quand on commença à trouver sur la route les corps de quelques soldats qui devaient le précéder d'un jour de marche, et qui étaient morts de chaleur.

Parmi les victimes de ce climat brûlant se trou-vait un carabinier qui était de la connaissance de plusieurs personnes du détachement.

Il devait être mort depuis plus de vingt-quatre heures, et le soleil, qui l'avait frappé toute la jour-née, lui avait rendu le visage noir comme un cor-beau.

Quelques camarades s'en approchèrent, soit pour le voir une dernière fois, soit pour en hériter s'il y avait de quoi, et ils s'étonnèrent en voyant que ses membres étaient encore flexibles et qu'il y avait même encore un peu de chaleur autour de la région du cœur.

« Donnez-lui une goutte de sacré-chien, dit le *lustik* de la troupe ; je garantis que, s'il n'est pas encore bien loin dans l'autre monde, il reviendra pour y goûter. »

Effectivement, à la première cuillerée du spiri-tueux, le mort ouvrit les yeux. On s'écria, on lui en frotta les tempes, on lui en fit avaler encore un peu, et au bout d'un quart d'heure il put, avec un peu d'aide, se soutenir sur un âne.

On le conduisit ainsi jusqu'à la fontaine, on le soigna pendant la nuit, on lui fit manger quelques

dattes, on le nourrit avec précaution, et le lendemain, remonté sur un âne, il arriva au Caire avec
les autres.

Boissons fortes.

53. — Une chose très digne de remarque est
cette espèce d'instinct, aussi général qu'impérieux,
qui nous porte à la recherche des boissons fortes.

Le vin, la plus aimable des boissons, soit qu'on
le doive à Noé, qui planta la vigne, soit qu'on le
doive à Bacchus, qui a exprimé le jus du raisin, date
de l'enfance du monde; et la bière, qu'on attribue
à Osiris, remonte jusqu'aux temps au delà desquels
il n'y a rien de certain.

Tous les hommes, même ceux qu'on est convenu
d'appeler sauvages, ont tellement été tourmentés
par cette appétence des boissons fortes qu'ils sont
parvenus à s'en procurer, quelles qu'aient été les
bornes de leurs connaissances.

Ils ont fait aigrir le lait de leurs animaux domestiques; ils ont extrait le jus de divers fruits, de
diverses racines où ils ont soupçonné les élémens
de la fermentation, et, partout où on a rencontré
les hommes en société, on les a trouvés munis de
liqueurs fortes, dont ils faisaient usage dans leurs
festins, dans leurs sacrifices, à leurs mariages, à
leurs funérailles, enfin tout ce qui avait parmi eux
quelque air de fête et de solennité.

On a bu et chanté le vin pendant bien des siècles avant de se douter qu'il fût possible d'en extraire la partie spiritueuse qui en fait la force; mais, les Arabes nous ayant appris l'art de la distillation, qu'ils avaient inventé pour extraire le parfum des fleurs, et surtout de la rose, tant célébrée dans leurs écrits, on commença à croire qu'il était possible de découvrir dans le vin la cause de l'exaltation de saveur qui donne au goût une excitation si particulière, et, de tâtonnemens en tâtonnemens, on découvrit l'alcool, l'esprit-de-vin, l'eau-de-vie.

L'alcool est le monarque des liquides, et porte au dernier degré l'exaltation palatale; ses diverses préparations ont ouvert de nouvelles sources de jouissances [1]; il donne à certains médicamens [2] une énergie qu'ils n'auraient pas sans cet intermède; il est même devenu, dans nos mains, une arme formidable, car les nations du nouveau monde ont été presque autant domptées et détruites par l'eau-de-vie que par les armes à feu.

La méthode qui nous a fait découvrir l'alcool a conduit encore à d'autres résultats importans, car, comme elle consiste à séparer et mettre à nu les parties qui constituent un corps et le distinguent de

---

1. Les liqueurs de table.
2. Les élixirs.

tous les autres, elle a dû servir de modèle à ceux qui se sont livrés à des recherches analogues, et qui nous ont fait connaître des substances tout à fait nouvelles, telles que la quinine, la morphine, la strychnine et autres semblables, découvertes ou à découvrir.

Quoi qu'il en soit, cette soif d'une espèce de liquides que la nature avait enveloppée de voiles, cette appétence extraordinaire qui agit sur toutes les races d'hommes, sous tous les climats et sous toutes les températures, est bien digne de fixer l'attention de l'observateur philosophe.

J'y ai songé comme un autre, et je suis tenté de mettre l'appétence des liqueurs fermentées, qui n'est pas connue des animaux, à côté de l'inquiétude de l'avenir, qui leur est également étrangère, et de les regarder l'une et l'autre comme des attributs distinctifs du chef-d'œuvre de la dernière révolution sublunaire.

Méditation X.

MÉDITATION X

ET ÉPISODIQUE

SUR LA FIN DU MONDE

54. — J'ai dit : *la dernière révolution sublunaire,* et cette pensée, ainsi exprimée, m'a entraîné bien loin, bien loin.

Des monumens irrécusables nous apprennent que notre globe a déjà éprouvé plusieurs changemens absolus, qui ont été autant de *fins du monde,* et je ne sais quel instinct nous avertit que d'autres révolutions doivent se succéder encore.

Déjà, souvent, on a cru ces révolutions prêtes à

arriver, et bien des gens existent que la comète aqueuse prédite par le bon Jérôme Lalande a envoyés jadis à confesse.

D'après ce qui a été dit à cet égard, on est tout disposé à environner cette catastrophe de vengeances, d'anges exterminateurs, de trompettes et autres accessoires non moins terribles.

Hélas! il ne faut pas tant de fracas pour nous détruire; nous ne valons pas tant de pompes, et, si la volonté du Seigneur est telle, il peut changer la surface du globe sans y mettre tant d'appareil.

Supposons, par exemple, qu'un de ces astres errans dont personne ne connaît la route ni la mission, et dont l'apparition a toujours été accompagnée d'une terreur traditionnelle; supposons, dis-je, qu'une comète passe assez près du soleil pour se charger d'un calorique surabondant, et nous approche assez pour causer sur la terre six mois d'un été général de 60 degrés de Réaumur (une fois plus chaud que celui de la comète de 1811).

A la fin de cette saison funérale, tout ce qui vit ou végète aura péri, tous les bruits auront cessé: la terre roulera silencieuse, jusqu'à ce que d'autres circonstances aient développé d'autres germes; et cependant la cause de ce désastre sera restée perdue dans les vastes champs de l'air, et ne nous aura pas seulement approchés de plusieurs centaines de millions de lieues.

1

Cet événement, tout aussi possible qu'un autre, m'a toujours paru un beau sujet de rêverie, et je n'ai pas hésité un moment de m'y arrêter.

Il est curieux de suivre, par l'esprit, cette chaleur ascensionnelle, d'en prévoir les effets, le développement, l'action, et de se demander :

Quid pendant le premier jour, pendant le second, et ainsi de suite jusqu'au dernier?

Quid sur l'air, la terre et l'eau, la formation, le mélange et la détonation des gaz?

Quid sur les hommes regardés dans le rapport de l'âge, du sexe, de la force, de la faiblesse?

Quid sur la subordination aux lois, la soumission à l'autorité, le respect des personnes et des propriétés?

Quid sur les moyens à chercher ou les tentatives à faire pour se dérober au danger?

Quid sur les liens d'amour, d'amitié, de parenté, sur l'égoïsme, le dévouement?

Quid sur les sentimens religieux, la foi, la résignation, l'espérance, etc., etc.?

L'histoire pourra fournir quelques données sur les influences morales, car déjà plusieurs fois la fin du monde a été prédite et même indiquée à un jour déterminé.

J'ai véritablement quelque regret de ne pas apprendre à mes lecteurs comment j'ai réglé tout cela dans ma sagesse; mais je ne veux pas les priver du

plaisir de s'en occuper eux-mêmes. Cela peut abré-
ger quelques insomnies pendant la nuit et préparer quelques *siestas* pendant le jour.

Le grand danger dissout tous les liens. On a vu,
dans la grande fièvre jaune qui eut lieu à Philadel-
phie vers 1792, des maris fermer à leurs femmes la
porte du domicile conjugal, des enfans abandonner leur père, et autres phénomènes pareils en
grand nombre.

Quod a nobis Deus avertat!

MÉDITATION XI

DE LA GOURMANDISE

---

55. — J'ai parcouru les dictionnaires au mot *gourmandise,* et je n'ai point été satisfait de ce que j'y ai trouvé. Ce n'est qu'une confusion perpétuelle de la *gourmandise* proprement dite avec la *gloutonnerie* et la *voracité :* d'où j'ai conclu que les lexicographes, quoique très estimables d'ailleurs, ne sont pas de ces savans aimables qui embouchent avec grâce une aile de perdrix au suprême pour l'arroser, le petit doigt en l'air, d'un verre de vin de Lafitte ou du Clos-Vougeot.

Ils ont oublié, complètement oublié, la gourmandise sociale, qui réunit l'élégance athénienne, le luxe romain et la délicatesse française ; qui dispose avec sagacité, fait exécuter savamment, savoure avec énergie et juge avec profondeur : qualité précieuse qui pourrait bien être une vertu, et qui est du moins, bien certainement, la source de nos plus pures jouissances.

Définitions.

Définissons donc et entendons-nous.

La gourmandise est une préférence passionnée, raisonnée et habituelle pour les objets qui flattent le goût.

La gourmandise est ennemie des excès : tout homme qui s'indigère ou s'enivre court risque d'être rayé des contrôles.

La gourmandise comprend aussi la friandise, qui n'est autre que la même préférence appliquée aux mets légers, délicats, de peu de volume, aux confitures, aux pâtisseries, etc. C'est une modification introduite en faveur des femmes et des hommes qui leur ressemblent.

Sous quelque rapport qu'on envisage la gourmandise, elle ne mérite qu'éloge et encouragement.

Sous le rapport physique, elle est le résultat et

la preuve de l'état sain et parfait des organes destinés à la nutrition.

Au moral, c'est une résignation implicite aux
ordres du Créateur, qui, nous ayant condamnés à
manger pour vivre, nous y invite par l'appétit, nous
soutient par la saveur, et nous en récompense par
le plaisir.

Avantages de la gourmandise.

Sous le rapport de l'économie politique, la gourmandise est le lien commun qui unit les peuples par
l'échange réciproque des objets qui servent à la
consommation journalière.

C'est elle qui fait voyager d'un pôle à l'autre
les vins, les eaux-de-vie, les sucres, les épiceries,
les marinades, les salaisons, les provisions de toute
espèce, et jusqu'aux œufs et aux melons.

C'est elle qui donne un prix proportionnel aux
choses qui sont médiocres, bonnes ou excellentes,
soit que ces qualités leur viennent de l'art, soit
qu'elles les aient reçues de la nature.

C'est elle qui soutient l'espoir et l'émulation de
cette foule de pêcheurs, chasseurs, horticulteurs et
autres qui remplissent journellement les offices les
plus somptueuses du résultat de leur travail et de
leurs découvertes.

C'est elle enfin qui fait vivre la multitude indus-

trieuse des cuisiniers, pâtissiers, confiseurs et autres préparateurs sous divers titres, qui, à leur tour,
emploient pour leurs besoins d'autres [ouvriers de
toute espèce : ce qui donne lieu, en tout temps et
à toute heure, à une circulation de fonds dont
l'esprit le plus exercé ne peut ni calculer le mouvement ni assigner la quotité.

Et remarquons bien que l'industrie qui a la
gourmandise pour objet présente d'autant plus
d'avantages qu'elle s'appuie, d'une part, sur les
plus grandes fortunes, et, de l'autre, sur des besoins
qui renaissent tous les jours.

Dans l'état de société où nous sommes maintenant parvenus, il est difficile de se figurer un
peuple qui vivrait uniquement de pain et de légumes. Cette nation, si elle existait, serait infailli-
blement subjuguée par les armées carnivores, comme
les Indous, qui ont été successivement la proie de
tous ceux qui ont voulu les attaquer; ou bien elle
serait convertie par la cuisine de ses voisins, comme
jadis les Béotiens, qui devinrent gourmands après
la bataille de Leuctres.

Suite.

56. — La gourmandise offre de grandes ressources à la fiscalité : elle alimente les octrois, les
douanes, les impositions indirectes. Tout ce que

nous consommons paye le tribut, et il n'est point de trésor public dont les gourmands ne soient le plus ferme soutien.

Parlerons-nous de cet essaim de préparateurs qui, depuis plusieurs siècles, s'échappent annuellement de la France pour exploiter les gourmandises exotiques? La plupart réussissent, et, obéissant ensuite à un instinct qui ne meurt jamais dans le cœur des Français, rapportent dans leur patrie le fruit de leur économie. Cet apport est plus considérable qu'on ne pense, et ceux-là, comme les autres, auront aussi un arbre généalogique.

Mais, si les peuples étaient reconnaissans, qui, mieux que les Français, auraient dû élever à la gourmandise un temple et des autels?

Pouvoir de la gourmandise.

57. — En 1815, le traité du mois de novembre imposa à la France la condition de payer aux alliés sept cent cinquante millions en trois ans.

A cette charge se joignit celle de faire face aux réclamations particulières des habitans des divers pays dont les souverains réunis avaient stipulé les intérêts, montant à plus de trois cents millions.

Enfin, il faut ajouter à tout cela les réquisitions de toute espèce faites en nature par les généraux ennemis, qui en chargeaient des fourgons qu'ils

faisaient filer vers les frontières, et qu'il a fallu que
le trésor public payât plus tard : en tout plus de
quinze cents millions.

On pouvait, on devait même croire que des
payemens aussi considérables, et qui s'effectuaient
jour par jour *en numéraire,* n'amenassent la gêne
dans le trésor, la dépréciation dans toutes les valeurs fictives, et par suite tous les malheurs qui
menacent un pays sans argent et sans moyens de
s'en procurer.

« Hélas! disaient les gens de bien en voyant
passer le fatal tombereau qui allait se remplir dans
la rue Vivienne, hélas! voilà notre argent qui émi-
gre en masse! L'an prochain, on s'agenouillera devant un écu; nous allons tomber dans l'état dé-
plorable d'un homme ruiné; toutes les entreprises
resteront sans succès; on ne trouvera point à emprunter; il y aura étisie, marasme, mort civile... »

L'événement démentit ces terreurs, et, au grand
étonnement de tous ceux qui s'occupent de finances,
les payemens se firent avec facilité, le crédit aug-
menta, on se jeta avec avidité vers les emprunts;
et, pendant tout le temps que dura cette *superpur-*
gation, le cours du change, cette mesure infaillible
de la circulation monétaire, fut en notre faveur,
c'est-à-dire qu'on eut la preuve arithmétique qu'il
entrait en France plus d'argent qu'il n'en sortait.

Quelle est la puissance qui vint à notre secours?

I

quelle est la divinité qui opéra ce miracle?... La gourmandise.

Quand les Bretons, les Germains, les Teutons, les Cimmériens et les Scythes firent irruption en France, ils y apportèrent une voracité rare et des estomacs d'une capacité peu commune.

Ils ne se contentèrent pas longtemps de la chère officielle que devait leur fournir une hospitalité forcée; ils aspirèrent à des jouissances plus délicates, et bientôt la ville reine ne fut plus qu'un immense réfectoire.

Ils mangeaient, ces intrus, chez les restaurateurs, chez les traiteurs, dans les cabarets, dans les tavernes, dans les échoppes et jusque dans les rues.

Ils se gorgeaient de viandes, de poissons, de gibier, de truffes, de pâtisseries et surtout de nos fruits.

Ils buvaient avec une avidité égale à leur appétit, et demandaient toujours les vins les plus chers, espérant d'y trouver des jouissances inouïes, qu'ils étaient ensuite tout étonnés de ne pas éprouver.

Les observateurs superficiels ne savaient que penser de cette mangerie sans fin et sans terme; mais les vrais Français riaient et se frottaient les mains en disant : « Les voilà sous le charme, et ils nous auront rendu ce soir plus d'écus que le trésor public ne leur en a compté ce matin. »

Cette époque fut favorable à tous ceux qui four-

nissaient aux jouissances du goût. Véry acheva sa
fortune; Achard commença la sienne; Beauvilliers
en fit une troisième, et madame Sullot, dont le
magasin, au Palais-Royal, n'avait pas deux toises
carrées, vendait par jour jusqu'à douze mille
petits pâtés[1].

Cet effet dure encore. Les étrangers affluent de
toutes les parties de l'Europe pour rafraîchir, durant la paix, les douces habitudes qu'ils contrac-
tèrent pendant la guerre. Il faut qu'ils viennent à
Paris; quand ils y sont, il faut qu'ils se régalent à
tout prix; et, si nos effets publics ont quelque faveur, on le doit moins à l'intérêt avantageux qu'ils
présentent qu'à la confiance d'instinct qu'on ne peut
s'empêcher d'avoir dans un peuple chez qui les
gourmands sont heureux[2].

Portrait d'une jolie gourmande.

58. — La gourmandise ne messied point aux

---

1. Quand l'armée d'invasion passa en Champagne, elle
prit six cent mille bouteilles de vin dans les caves de M. Moët,
d'Epernay, renommé pour la beauté de ses caves.

Il s'est consolé de cette perte énorme quand il a vu que
les pillards en avaient gardé le goût, et que les commandes
qu'il reçoit du Nord ont plus que doublé depuis cette époque.

2. Les calculs sur lesquels cet article est fondé m'ont été
fournis par M. Jean-Marie Boscary, gastronome aspirant, à
qui les titres ne manquent pas, car il est financier et musicien.

femmes ; elle convient à la délicatesse de leurs organes, et leur sert de compensation pour quelques
plaisirs dont il faut bien qu'elles se privent, et pour
quelques maux auxquels la nature paraît les avoir
condamnées.

Rien n'est plus agréable à voir qu'une jolie gourmande sous les armes : sa serviette est avantageusement mise ; une de ses mains est posée sur la
table ; l'autre voiture à sa bouche de petits morceaux élégamment coupés ou l'aile de perdrix qu'il
faut mordre ; ses yeux sont brillans, ses lèvres vernissées, sa conversation agréable, tous ses mouvemens gracieux ; elle ne manque pas de ce grain de
coquetterie que les femmes mettent à tout. Avec
tant d'avantages, elle est irrésistible, et Caton le
Censeur lui-même se laisserait émouvoir.

Anecdote.

Ici cependant se place pour moi un souvenir
amer.

J'étais un jour bien commodément placé à table,
à côté de la jolie madame M.......d, et je me ré-
jouissais intérieurement d'un si bon lot, quand, se
tournant tout à coup vers moi : « A votre santé ! »
me dit-elle. Je commençai de suite une phrase
d'action de grâces, mais je n'achevai pas, car, la
coquette se portant vers son voisin de gauche, elle

lui dit : « Trinquons!... » Ils trinquèrent, et cette brusque transition me parut une perfidie, qui me fit au cœur une blessure que bien des années n'ont pas encore guérie.

Les femmes sont gourmandes.

Le penchant du beau sexe pour la gourmandise a quelque chose qui tient de l'instinct, car la gourmandise est favorable à la beauté.

Une suite d'observations exactes et rigoureuses a démontré qu'un régime succulent, délicat et soigné, repousse longtemps et bien loin les apparences extérieures de la vieillesse.

Il donne aux yeux plus de brillant, à la peau plus de fraîcheur, et aux muscles plus de soutien; et, comme il est certain, en physiologie, que c'est la dépression des muscles qui cause les rides, ces redoutables ennemis de la beauté, il est également vrai de dire que, toutes choses égales, ceux qui savent manger sont comparativement de dix ans plus jeunes que ceux à qui cette science est étrangère.

Les peintres et les sculpteurs sont bien pénétrés de cette vérité, car jamais ils ne représentent ceux qui font abstinence par choix ou par devoir, comme les avares et les anachorètes, sans leur donner la pâleur de la maladie, la maigreur de la misère et les rides de la décrépitude.

Effets de la gourmandise sur la sociabilité.

59. — La gourmandise est un des principaux liens de la société : c'est elle qui étend graduellement cet esprit de convivialité qui réunit chaque jour les divers états, les fond en un seul tout, anime la conversation et adoucit les angles de l'inégalité conventionnelle.

C'est elle aussi qui motive les efforts que doit faire tout amphitryon pour bien recevoir ses convives, ainsi que la reconnaissance de ceux-ci quand ils voient qu'on s'est savamment occupé d'eux ; et c'est ici le lieu de honnir à jamais ces mangeurs stupides qui avalent avec une indifférence coupable les morceaux les plus distingués, ou qui aspirent avec une distraction sacrilège un nectar odorant et limpide.

Loi générale, toute disposition de haute intelligence nécessite des éloges explicites, et une louange délicate est obligée partout où s'annonce l'envie de plaire.

Influence de la gourmandise sur le bonheur conjugal.

Enfin, la gourmandise, quand elle est partagée, a l'influence la plus marquée sur le bonheur qu'on peut trouver dans l'union conjugale.

Deux époux gourmands ont, au moins une fois par jour, une occasion agréable de se réunir, car même ceux qui font lit à part (et il y en a un grand nombre) mangent du moins à la même table; ils ont un sujet de conversation toujours renaissant; ils parlent non seulement de ce qu'ils mangent, mais encore de ce qu'ils ont mangé, de ce qu'ils mangeront, de ce qu'ils ont observé chez les autres, des plats à la mode, des inventions nouvelles, etc., etc.; et on sait que ces causeries familières (*chit-chat*) sont pleines de charmes.

La musique a sans doute aussi des attraits bien puissans pour ceux qui l'aiment; mais il faut s'y mettre : c'est une besogne.

D'ailleurs, on est quelquefois enrhumé, la musique est égarée, les instrumens sont discords, on a la migraine : il y a du chômage.

Au contraire, un besoin partagé appelle les époux à table; le même penchant les y retient; ils ont naturellement l'un pour l'autre ces petits égards qui annoncent l'envie d'obliger, et la manière dont se passent les repas entrent pour beaucoup dans le bonheur de la vie.

Cette observation, assez neuve en France, n'avait point échappé au moraliste anglais Fielding, et il l'a développée en peignant dans son roman de *Paméla* la manière diverse dont deux couples mariés finissent leur journée.

Le premier est un lord, l'aîné, et par conséquent le possesseur de tous les biens de la famille.

Le second est son frère puîné, époux de Paméla, déshérité à cause de ce mariage, et vivant du produit de sa demi-paye, dans un état de gêne assez voisin de l'indigence.

Le lord et sa femme arrivent de différens côtés et se saluent froidement, quoiqu'ils ne se soient pas vus de la journée; ils s'asseoient à une table splendidement servie, entourés de laquais brillans d'or, se servent en silence et mangent sans plaisir. Cependant, après que les domestiques se sont retirés, une espèce de conversation s'engage entre eux. Bientôt l'aigreur s'en mêle; elle devient querelle. et ils se lèvent furieux, pour aller chacun dans son appartement, méditer sur les douceurs du veuvage.

Son frère, au contraire, en arrivant dans son modeste appartement, est accueilli avec le plus tendre empressement et les plus douces caresses. Il s'assied près d'une table frugale, mais les mets qui lui sont servis peuvent-ils ne pas être excellens? C'est Paméla elle-même qui les a apprêtés! Ils mangent avec délices en causant de leurs affaires, de leurs projets, de leurs amours. Une demi-bouteille de madère leur sert à prolonger le repas et l'entretien. Bientôt le même lit les reçoit, et, après les transports d'un amour partagé, un doux sommeil leur fera oublier le présent et rêver un meilleur avenir.

Honneur à la gourmandise, telle que nous la présentons à nos lecteurs, et tant qu'elle ne détourne l'homme ni de ses occupations ni de ce qu'il doit à sa fortune ! Car, de même que les dissolutions de Sardanapale n'ont pas fait prendre les femmes en horreur, ainsi les excès des Vitellius ne peuvent pas faire tourner le dos à un festin savamment ordonné.

La gourmandise devient-elle gloutonnerie, voracité, crapule, elle perd son nom et ses avantages, échappe à nos attributions et tombe dans celles du moraliste, qui la traitera par ses conseils, ou du médecin, qui la guérira par les remèdes.

La *gourmandise,* telle que le professeur l'a caractérisée dans cet article, n'a de nom qu'en français; elle ne peut être désignée ni par le mot latin *gula,* ni par l'anglais *gluttony,* ni par l'allemand *läsleley.* Nous conseillons donc à ceux qui seraient tentés de traduire ce livre instructif de conserver le substantif et de changer seulement l'article : c'est ce que tous les peuples ont fait pour la coquetterie et tout ce qui s'y rapporte.

28

NOTE D'UN GASTRONOME PATRIOTE.

Je remarque avec orgueil que la coquetterie et la gourmandise, ces deux grandes modifications que l'extrême sociabilité a apportées à nos plus impérieux besoins, sont toutes deux d'origine française.

MÉDITATION XII

DES GOURMANDS

---

61. — N'EST PAS GOURMAND QUI VEUT.

Il est des individus à qui la nature a refusé une
finesse d'organes ou une tenue d'attention sans
lesquelles les mets les plus succulens passent inaperçus.

La physiologie a déjà reconnu la première de
ces variétés en nous montrant la langue de ces
infortunés mal pourvue des houppes nerveuses destinées à inhaler et apprécier les saveurs; elles
n'éveillent chez eux qu'un sentiment obtus; ils

sont, pour les saveurs, ce que les aveugles sont pour la lumière.

La seconde se compose des distraits, des babillards, des affairés, des ambitieux et autres, qui veulent s'occuper de deux choses à la fois, et ne mangent que pour se remplir.

NAPOLÉON.

Tel était entre autres Napoléon. Il était irrégulier dans ses repas, et mangeait vite et mal; mais là se retrouvait aussi cette volonté absolue qu'il mettait à tout. Dès que l'appétit se faisait sentir, il fallait qu'il fût satisfait, et son service était monté de manière qu'en tout lieu et à toute heure on pouvait, au premier mot, lui présenter de la volaille, des côtelettes et du café.

Gourmands par prédestination.

Mais il est une classe privilégiée qu'une prédestination matérielle et organique appelle aux jouissances du goût.

J'ai été, de tout temps, *lavatérien* et *galliste* : je crois aux dispositions innées.

Puisqu'il est des individus qui sont évidemment venus au monde pour mal voir, mal marcher, mal entendre, parce qu'ils sont nés myopes, boiteux ou sourds, pourquoi n'y en aurait-il pas d'autres qui ont été prédisposés à éprouver plus spécialement certaines séries de sensations ?

D'ailleurs, pour peu qu'on ait de penchant à l'observation, on rencontre à chaque instant, dans le monde, des physionomies qui portent l'empreinte irrécusable d'un sentiment dominant, tels qu'une impertinence dédaigneuse, le contentement de soi-même, la misanthropie, la sensualité, etc., etc. A la vérité, on peut porter tout cela avec une figure insignifiante ; mais, quand la physionomie a un cachet déterminé, il est rare qu'elle soit trompeuse.

Les passions agissent sur les muscles, et très souvent, quoiqu'un homme se taise, on peut lire sur son visage les divers sentimens dont il est agité. Cette tension, pour peu qu'elle soit habituelle, finit par laisser des traces sensibles, et donne ainsi à la physionomie un caractère permanent et reconnaissable.

Prédestination sensuelle.

62. — Les prédestinés à la gourmandise sont en général d'une stature moyenne ; ils ont le visage rond ou carré, les yeux brillans, le front petit, le nez court, les lèvres charnues et le menton ar-

rondi. Les femmes sont potelées, plus jolies que belles, et visant un peu à l'obésité.

Celles qui sont principalement friandes ont les traits plus fins, l'air plus délicat, sont plus mignonnes, et se distinguent surtout par un coup de langue qui leur est particulier.

C'est sous cet extérieur qu'il faut chercher les convives les plus aimables. Ils acceptent tout ce qu'on leur offre, mangent lentement et savourent avec réflexion ; ils ne se hâtent point de s'éloigner des lieux où ils ont reçu une hospitalité distinguée, et on les a pour la soirée, parce qu'ils connaissent tous les jeux et passe-temps qui sont les accessoires ordinaires d'une réunion gastronomique.

Ceux, au contraire, à qui la nature a refusé l'aptitude aux jouissances du goût, ont le visage, le nez et les yeux longs ; quelle que soit leur taille, ils ont dans leur tournure quelque chose d'allongé ; ils ont les cheveux noirs et plats, et manquent surtout d'embonpoint : ce sont eux qui ont inventé les pantalons.

Les femmes que la nature a affligées du même malheur sont anguleuses, s'ennuient à table et ne vivent que de boston et de médisance.

Cette théorie physionomique ne trouvera, je l'espère, que peu de contradicteurs, parce que chacun peut la vérifier autour de soi. Je vais cependant encore l'appuyer par des faits.

Je siégeais un jour à un très grand repas, et j'avais en face une très jolie personne dont la figure était tout à fait sensuelle. Je me penchai vers mon voisin, et lui dis tout bas qu'avec des traits pareils il était impossible que cette demoiselle ne fût pas très gourmande. « Quelle folie ! me répondit-il ; elle a tout au plus quinze ans : ce n'est pas encore l'âge de la gourmandise... Au surplus, observons. »

Les commencemens ne me furent pas favorables ; j'eus peur de m'être compromis, car, pendant les deux premiers services, la jeune fille fut d'une discrétion qui m'étonnait, et je craignais d'être tombé sur une exception, car il y en a pour toutes les règles. Mais enfin le dessert vint, dessert aussi brillant que copieux, et qui me rendit l'espérance. Mon espoir ne fut pas déçu : non seulement elle mangea de tout ce qu'on lui offrait, mais encore elle se fit servir des plats qui étaient les plus éloignés d'elle ; enfin elle goûta à tout, et le voisin s'étonnait de ce que ce petit estomac pouvait contenir tant de choses. Ainsi fut vérifié mon diagnostic, et la science triompha encore une fois.

A deux ans de là, je rencontrai encore la même personne : c'était huit jours après son mariage. Elle s'était développée tout à fait à son avantage ; elle laissait pointer un peu de coquetterie, et, étalant tout ce que la mode permet de montrer d'attraits, elle était ravissante. Son mari était à peindre ; il ressemblait à un certain ventriloque qui savait rire d'un côté et pleurer de l'autre, c'est-à-dire qu'il paraissait très content de ce qu'on admirait sa femme ; mais, dès qu'un amateur avait l'air d'insister, il était saisi du frisson d'une jalousie très apparente. Ce dernier sentiment prévalut : il emporta sa femme dans un département éloigné, et là, pour moi, finit sa biographie.

Je fis une autre fois une remarque pareille sur le duc Decrès, qui a été si longtemps ministre de la marine.

On sait qu'il était gros, court, brun, crépu et carré, qu'il avait le visage au moins rond, le menton relevé, les lèvres épaisses et la bouche d'un géant : aussi je le proclamai sur-le-champ amateur prédestiné de la bonne chère et des belles.

Cette remarque physiognomonique, je la coulais bien doucement et bien bas dans l'oreille d'une dame fort jolie et que je croyais discrète. Hélas ! je me trompais : elle était fille d'Ève, et mon secret l'eût étouffée. Aussi, dans la même soirée, l'excellence fut instruite de l'induction scientifique que j'avais tirée de l'ensemble de ses traits.

C'est ce que j'appris le lendemain par une lettre fort aimable que m'écrivit le duc, et par laquelle il se défendait avec modestie de posséder les deux qualités, d'ailleurs fort estimables, que j'avais découvertes en lui.

Je ne me tins pas pour battu. Je répondis que la nature ne fait rien en vain; qu'elle l'avait évidemment formé pour de certaines missions; que, s'il ne les remplissait pas, il contrariait son vœu; qu'au reste, je n'avais aucun droit à de pareilles confidences, etc., etc.

La correspondance en resta là; mais, peu de temps après, tout Paris fut instruit, par la voie des journaux, de la mémorable bataille qui eut lieu entre le ministre et son cuisinier, bataille qui fut longue, disputée, et où l'excellence n'eut pas toujours le dessus. Or, si, après une pareille aventure, le cuisinier ne fut pas renvoyé (et il ne le fut pas), je puis, je crois, en tirer la conséquence que le duc était absolument dominé par les talens de cet artiste, et qu'il désespérait d'en trouver un autre qui sût flatter aussi agréablement son goût : sans quoi il n'aurait jamais pu surmonter la répugnance toute naturelle qu'il devait éprouver à être servi par un préposé aussi belliqueux.

Comme je traçais ces lignes, par une belle soirée d'hiver, M. Cartier, ancien premier violon de l'Opéra et démonstrateur habile, entre chez moi et s'assied près de mon feu. J'étais plein de mon sujet, et, le considérant avec attention : « Cher professeur, lui dis-je, comment se fait-il que vous ne soyez pas gourmand, quand vous en avez tous les traits? — Je l'étais très fort, répondit-il; mais je m'abstiens. — Serait-ce par sagesse? » lui répliquai-je. Il ne répondit pas, mais il poussa un soupir à la Walter Scott, c'est-à-dire tout semblable à un gémissement.

Gourmands par état.

62. — S'il est des gourmands par prédestination, il en est aussi par état, et je dois en signaler ici quatre grandes théories : les financiers, les médecins, les gens de lettres et les dévots.

Les Financiers.

Les financiers sont les héros de la gourmandise. Ici, *héros* est le mot propre, car il y avait combats, et l'aristocratie nobiliaire eût écrasé les financiers sous le poids de ses titres et de ses écussons, si ceux-ci n'y eussent opposé une table somptueuse et leurs coffres-forts. Les cuisiniers combattaient les généalogistes, et, quoique les ducs n'attendissent pas d'être sortis pour persifler l'amphitryon qui les traitait, ils étaient venus, et leur présence attestait leur défaite.

D'ailleurs, tous ceux qui amassent beaucoup d'argent avec facilité sont presque indispensablement obligés d'être gourmands.

L'inégalité des conditions entraîne l'inégalité des

richesses ; mais l'inégalité des richesses n'amène pas
l'inégalité des besoins, et tel qui pourrait payer
chaque jour un dîner suffisant pour cent personnes,
est souvent rassasié après avoir mangé une cuisse
de poulet. Il faut donc que l'art use de toutes ses
ressources pour ranimer cette ombre d'appétit par
des mets qui le soutiennent sans dommage et le
caressent sans l'étouffer. C'est ainsi que Mondor
est devenu gourmand, et que de toutes parts les
gourmands ont accouru auprès de lui.

Aussi, dans toutes les séries d'apprêts que nous
présentent les livres de cuisine élémentaire, il y en
a toujours un ou plusieurs qui portent pour qualification : *à la financière ;* et on sait que ce n'est pas
le roi, mais les fermiers généraux, qui mangeaient
autrefois le premier plat de petits pois, qui se payait
toujours huit cents francs.

Les choses ne se passent pas autrement de nos
jours : les tables financières continuent à offrir tout
ce que la nature a de plus parfait, les serres de plus
précoce, l'art de plus exquis, et les personnages les
plus historiques ne dédaignent point de s'asseoir à
ces festins.

Les Médecins.

63. — Des causes d'une autre nature, quoique
non moins puissantes, agissent sur les médecins : ils

sont gourmands par séduction, et il faudrait qu'ils fussent de bronze pour résister à la force des choses.

Les chers docteurs sont d'autant mieux accueillis que la santé, qui est sous leur patronage, est le plus précieux de tous les biens : aussi sont-ils enfans gâtés dans toute la force du terme.

Toujours impatiemment attendus, ils sont accueillis avec empressement : c'est une jolie malade qui les engage; c'est une jeune personne qui les caresse; c'est un père, c'est un mari qui leur recommandent ce qu'ils ont de plus cher. L'espérance les tourne par la droite, la reconnaissance par la gauche; on les embecque comme des pigeons; ils se laissent faire, et en six mois l'habitude est prise : ils sont gourmands sans retour (*past redemption*).

C'est ce que j'osai exprimer un jour dans un repas où je figurais, moi neuvième, sous la présidence du docteur Corvisart. C'était vers 1806.

« Vous êtes, m'écriai-je du ton inspiré d'un prédicateur puritain, vous êtes les derniers restes d'une corporation qui jadis couvrait toute la France. Hélas! les membres en sont anéantis ou dispersés! Plus de fermiers généraux, d'abbés, de chevaliers, de moines blancs : tout le corps dégustateur réside en vous seuls. Soutenez avec fermeté un si grand poids, dussiez-vous essuyer le sort des trois cents Spartiates au pas des Thermopyles. »

Je dis, et il n'y eut pas une réclamation. Nous agîmes en conséquence, et la vérité reste.

Je fis à ce dîner une observation qui mérite d'être connue.

Le docteur Corvisart, qui était fort aimable quand il voulait, ne buvait que du vin de Champagne frappé de glace. Aussi, dès le commencement du repas, et pendant que les autres convives s'occupaient à manger, il était bruyant, conteur, anecdotier. Au dessert, au contraire, et quand la conversation commençait à s'animer, il devenait sérieux, taciturne et quelquefois morose.

De cette observation et de plusieurs autres conformes j'ai déduit le théorème suivant : *Le vin de Champagne, qui est excitant dans ses premiers effets* (ab initio), *est stupéfiant dans ceux qui suivent* (in recessu), ce qui est, au surplus, un effet notoire du gaz acide carbonique qu'il contient.

Objurgation.

64. — Puisque je tiens les docteurs à diplôme, je ne veux pas mourir sans leur reprocher l'extrême sévérité dont ils usent envers leurs malades.

Dès qu'on a le malheur de tomber dans leurs mains, il faut subir une kyrielle de défenses et renoncer à tout ce que nos habitudes ont d'agréable.

Je m'élève contre la plupart de ces interdictions, comme inutiles.

Je dis *inutiles,* parce que les malades n'appètent presque jamais ce qui leur serait nuisible.

Le médecin rationnel ne doit jamais perdre de vue la tendance naturelle de nos penchans, ni oublier que, si les sensations douloureuses sont funestes par leur nature, celles qui sont agréables disposent à la santé. On a vu un peu de vin, une cuillerée de café, quelques gouttes de liqueur, rappeler le sourire sur les faces les plus hippocratiques.

Au suplus, il faut qu'ils sachent bien, ces ordonnateurs sévères, que leurs prescriptions restent presque toujours sans effet : le malade cherche à s'y soustraire ; ceux qui l'environnent ne manquent jamais de raisons pour lui complaire, et on n'en meurt ni plus ni moins.

La ration d'un Russe malade, en 1815, aurait grisé un fort de la halle, et celle des Anglais eût rassasié un Limousin ; et il n'y avait pas de retranchement à y faire, car des inspecteurs militaires parcouraient sans cesse nos hôpitaux et surveillaient à la fois la fourniture et la consommation.

J'émets mon avis avec d'autant plus de confiance qu'il est appuyé sur des faits nombreux, et que les praticiens les plus heureux se rapprochent chaque jour de ce système.

Le chanoine Rollet, mort il y a environ cin-

quante ans, était buveur, suivant l'usage de ces
temps antiques.

Il tomba malade, et la première phrase du médecin fut employée à lui interdire tout usage du
vin.

Cependant, à la visite suivante, le docteur
trouva le patient couché, et devant son lit un
corps de délit presque complet, savoir : une table
couverte d'une nappe bien blanche, un gobelet de
cristal, une bouteille de belle apparence et une
serviette pour s'essuyer les lèvres.

A cette vue, il entra dans une violente colère,
et parlait de se retirer, quand le malheureux chanoine lui cria d'une voix lamentable : « Ah ! docteur, souvenez-vous que, quand vous m'avez
défendu de boire, vous ne m'avez pas défendu le
plaisir de voir la bouteille. »

Le médecin qui traitait M. de Montlusin de
Pont-de-Veyle fut bien encore plus cruel, car non
seulement il interdit l'usage du vin à son malade,
mais encore il lui prescrivit de boire de l'eau à
grandes doses.

Peu de temps après le départ de l'ordonnateur,
madame de Montlusin, jalouse d'appuyer l'ordonnance et de contribuer au retour de la santé de
son mari, lui présenta un grand verre d'eau la plus
belle et la plus limpide.

Le malade le reçut avec docilité et se mit à le

boire avec résignation ; mais il s'arrêta à la première gorgée, et, rendant le vase à sa femme :
« Prenez cela, ma chère, lui dit-il, et gardez-le
pour une autre fois : j'ai toujours ouï dire qu'il ne
fallait pas badiner avec les remèdes. »

Des Gens de lettres.

65. — Dans l'empire gastronomique, le quartier des gens de lettres est tout près de celui des
médecins.

Sous le règne de Louis XIV, les gens de lettres
étaient ivrognes ; ils se conformaient à la mode,
et les mémoires du temps sont tout à fait édifians
à ce sujet. Maintenant, ils sont gourmands : en
quoi il y a amélioration.

Je suis bien loin d'être de l'avis du cynique
Geoffroy, qui disait que, si les productions mo-
dernes manquent de force, cela vient de ce que les
auteurs ne boivent que de l'eau sucrée.

Je crois, au contraire, qu'il a fait une double
méprise, et qu'il s'est trompé sur le fait et sur la
conséquence.

L'époque actuelle est riche en talens ; ils se nuisent peut-être par leur multitude, mais la postérité, jugeant avec plus de calme, y verra bien des
sujets d'admiration. C'est ainsi que nous-mêmes

avons rendu justice aux chefs-d'œuvre de Racine
et de Molière, qui furent froidement reçus par les
contemporains.

Jamais la position des gens de lettres dans la
société n'a été plus agréable.

Ils ne logent plus dans les régions élevées qu'on
leur reprochait autrefois ; les domaines de la littérature sont devenus plus fertiles ; les flots de l'Hip-
pocrène roulent aussi des paillettes d'or ; égaux
de tout le monde, ils n'entendent plus le langage
du protectorat, et, pour comble de biens, la gourmandise les comble de ses plus chères faveurs.

On engage les gens de lettres à cause de l'es-
time qu'on fait de leurs talens, parce que leur
conversation a, en général, quelque chose de pi-
quant, et aussi parce que, depuis quelque temps,
il est de règle que toute société doit avoir son
homme de lettres.

Ces messieurs arrivent toujours un peu tard ; on
ne les accueille que mieux, parce qu'on les a dé-
sirés ; on les affriande pour qu'ils reviennent ; on
les régale pour qu'ils étincellent, et, comme ils
trouvent cela fort naturel, ils s'y accoutument, deviennent, sont et demeurent gourmands.

Les choses ont même été si loin qu'il y a eu un
peu de scandale. Quelques furets ont prétendu que
certains déjeuneurs s'étaient laissé séduire, que
certaines promotions étaient issues de certains

pâtés, et que le temple de l'immortalité s'était ouvert à la fourchette.

Mais c'étaient de méchantes langues ; ces bruits sont tombés comme tant d'autres : ce qui est fait est bien fait, et je n'en fais ici mention que pour montrer que je suis au courant de tout ce qui tient à mon sujet.

Les Dévots.

66. — Enfin la gourmandise compte beaucoup de dévots parmi ses plus fidèles sectateurs.

Nous entendons par *dévots* ce qu'entendaient Louis XIV et Molière, c'est-à-dire ceux dont toute la religion consiste en pratiques extérieures : les gens pieux et charitables n'ont rien à faire là.

Voyons donc comment la vocation leur vient.

Parmi ceux qui veulent faire leur salut, le plus grand nombre cherche le chemin le plus doux. Ceux qui fuient les hommes, couchent sur la dure et revêtent le cilice, ont toujours été et ne peuvent jamais être que des exceptions.

Or il est des choses damnables sans équivoque et qu'on ne peut jamais se permettre, comme le bal, les spectacles, le jeu et autres passe-temps semblables.

Pendant qu'on les abomine, ainsi que ceux qui les mettent en pratique, la gourmandise se présente

et se glisse avec une face tout à fait théolo-
gique.

De droit divin, l'homme est le roi de la nature,
et tout ce que la terre produit a été créé pour lui :
c'est pour lui que la caille s'engraisse, pour lui
que le moka a un si doux parfum, pour lui que le
sucre est favorable à la santé.

Comment donc ne pas user, du moins avec la
modération convenable, des biens que la Providence nous offre, surtout si nous continuons à les
regarder comme des choses périssables, surtout si
elles exaltent notre reconnaissance envers l'auteur
de toutes choses?

Des raisons non moins fortes viennent encore
renforcer celles-ci. Peut-on trop bien recevoir ceux
qui dirigent nos âmes et nous tiennent dans la
voie du salut? Ne doit-on pas rendre aimables, et
par cela même plus fréquentes, des réunions dont
le but est excellent?

Quelquefois aussi les dons de Comus arrivent
sans qu'on les cherche : c'est un souvenir de collège; c'est le don d'une vieille amitié; c'est un pé-
nitent qui s'humilie; c'est un collatéral qui se rappelle; c'est un protégé qui se reconnaît. Comment
repousser de pareilles offrandes? comment ne pas
les assortir? C'est une pure nécessité.

D'ailleurs, les choses se sont toujours passées
ainsi. Les moûtiers étaient de vrais magasins des

plus adorables friandises, et voilà pourquoi certains amateurs les regrettent si amèrement[1].

Plusieurs ordres monastiques, les bernardins surtout, faisaient profession de bonne chère. Les cuisiniers du clergé ont reculé les limites de l'art, et, quand M. de Pressigny (mort archevêque de Besançon) revint du conclave qui avait nommé Pie VI, il disait que le meilleur dîner qu'il eût fait à Rome avait été chez le général des capucins.

Les Chevaliers et les Abbés.

67. — Nous ne pouvons mieux finir cet article qu'en faisant une mention honorable de deux corporations que nous avons vues dans toute leur gloire, et que la Révolution a éclipsées : les chevaliers et les abbés.

Qu'ils étaient gourmands, ces chers amis ! Il était impossible de s'y méprendre à leurs narines ouvertes, à leurs yeux écarquillés, à leurs lèvres vernissées, à leur langue promeneuse; cependant

---

1. Les meilleures liqueurs de France se faisaient à la Côte, chez les visitandines; celles de Niort ont inventé la confiture d'angélique ; on vante les pains de fleur d'orange des sœurs de Château-Thierry, et les ursulines de Belley avaient pour les noix confites une recette qui en faisait un trésor d'amour et de friandise. Il est à craindre, hélas ! qu'elle ne soit perdue.

chaque classe avait une manière de manger qui lui
était particulière.

Les chevaliers avaient quelque chose de militaire dans leur pose; ils s'administraient les morceaux avec dignité, les travaillaient avec calme, et
promenaient horizontalement du maître à la maîtresse de la maison des regards approbateurs.

Les abbés, au contraire, se pelotonnaient pour
se rapprocher de l'assiette; leur main droite s'ar-
rondissait comme la patte du chat qui tire les
marrons du feu; leur physionomie était toute jouissance, et leur regard avait quelque chose de concentré qu'il est plus facile de concevoir que de
peindre.

Comme les trois quarts de ceux qui composent
la génération actuelle n'ont rien vu qui ressemble
aux chevaliers et aux abbés que nous venons de
désigner, et qu'il est cependant indispensable de
les connaître pour bien entendre beaucoup de livres écrits dans le XVIIIᵉ siècle, nous emprunte-
rons à l'auteur du *Traité historique sur le duel*
quelques pages qui ne laisseront rien à désirer à ce
sujet. (Voyez, t. II, les *Variétés*, nᵒ 20.)

Longévité annoncée aux gourmands.

68. — D'après mes dernières lectures, je suis
heureux, on ne peut pas plus heureux, de pouvoir

donner à mes lecteurs une bonne nouvelle, savoir : que la bonne chère est bien loin de nuire à la santé, et que, toutes choses égales, les gourmands vivent plus longtemps que les autres.

C'est ce qui est arithmétiquement prouvé dans un mémoire très bien fait, lu dernièrement à l'Académie des sciences par le docteur Vulliermet.

Il a comparé les divers états de la société où l'on fait bonne chère avec ceux où l'on se nourrit mal, et en a parcouru l'échelle tout entière; il a également comparé entre eux les divers arrondissemens de Paris, où l'aisance est plus ou moins généralement répandue, et où l'on sait que, sous ce rapport, il existe une extrême différence, comme, par exemple, entre le faubourg Saint-Marceau et la Chaussée-d'Antin.

Enfin, le docteur a poussé ses recherches jusqu'aux départemens de la France, et comparé, sous le même rapport, ceux qui sont plus ou moins fertiles. Partout il a obtenu, pour résultat général, que la mortalité diminue dans la même proportion que les moyens qu'on a de se bien nourrir augmentent, et qu'ainsi ceux que la fortune soumet au malheur de se mal nourrir peuvent du moins être sûrs que la mort les en délivrera plus vite.

Les deux extrêmes de cette progression sont que dans l'état de la vie le plus favorisé il ne meurt dans un an qu'un individu sur cinquante, tandis que parmi ceux qui sont le plus exposés à la misère il en meurt un sur quatre dans le même espace de temps.

Ce n'est pas que ceux qui font excellente chère ne soient jamais malades : hélas! ils tombent aussi quelquefois dans le domaine de la Faculté, qui a coutume de les désigner sous la qualification de *bons malades*; mais, comme ils ont une plus grande dose de vitalité et que toutes les parties de l'organisation sont mieux entretenues, la nature a plus de ressources, et le corps résiste incomparablement mieux à la destruction.

Cette vérité physiologique peut également s'appuyer sur l'histoire, qui nous apprend que toutes les fois que des circonstances impérieuses, telles que la guerre, les sièges, le dérangement des saisons, ont diminué les moyens de se nourrir, cet état de détresse a toujours été accompagné de maladies contagieuses et d'un grand surcroît de mortalité.

La caisse Lafarge, si connue des Parisiens, aurait sans doute prospéré si ceux qui l'ont établie avaient fait entrer dans leurs calculs la vérité de fait développée par le docteur Vulliermet.

Ils avaient calculé la mortalité d'après les tables de Buffon, de Deparcieux et autres, qui sont toutes établies sur des nombres pris dans toutes les classes et dans tous les âges d'une population; mais, comme ceux qui placent des capitaux pour se faire un avenir ont en général échappé aux dangers de l'enfance, et sont accoutumés à un ordinaire réglé, soigné et quelquefois succulent, *la mort n'a pas donné,* les espérances ont été déçues, et la spéculation a manqué.

Cette cause n'a sans doute pas été la seule; mais elle était élémentaire.

Cette dernière observation nous a été fournie par M. le professeur Pardessus.

M. de Belloy, archevêque de Paris, qui a vécu près d'un siècle, avait un appétit assez prononcé; il aimait la bonne chère, et j'ai vu plusieurs fois sa figure patriarcale s'animer à l'arrivée d'un morceau distingué. Napoléon lui marquait en toute occasion déférence et respect.

Méditation XIII.

MÉDITATION XIII

ÉPROUVETTES GASTRONOMIQUES

———

69. — On a vu, dans le chapitre précédent, que le caractère distinctif de ceux qui ont plus de prétentions que de droits aux honneurs de la gourmandise consiste en ce qu'au sein de la meilleure chère leurs yeux restent ternes et leur visage inanimé.

Ceux-là ne sont pas dignes qu'on leur prodigue des trésors dont ils ne sentent pas le prix. Il nous a donc paru très intéressant de pouvoir les signaler, et nous avons cherché les moyens de parvenir à une connaissance si importante pour l'assortiment des hommes et pour la connaissance des convives.

Nous nous sommes occupé de cette recherche avec cette suite qui force le succès, et c'est à notre persévérance que nous devons l'avantage de présenter au corps honorable des amphitryons la découverte des *éprouvettes gastronomiques,* découverte qui honorera le XIXe siècle.

Nous entendons par *éprouvettes gastronomiques* des mets d'une saveur reconnue et d'une excellence tellement indiscutable que leur apparition seule doit émouvoir, chez un homme bien organisé, toutes les puissances dégustatrices : de sorte que tous ceux chez lesquels, en pareil cas, on n'aperçoit ni l'éclair du désir ni la radiance de l'extase, peuvent justement être notés comme indignes des honneurs de la séance et des plaisirs qui y sont attachés.

La méthode des éprouvettes, dûment examinée et délibérée en grand conseil, a été inscrite au livre d'or dans les termes suivans, pris d'une langue qui ne change plus :

Utcumque ferculum, eximii et bene noti saporis, appositum fuerit, fiat autopsia convivæ, et, nisi facies ejus ac oculi vertantur ad extasim, notetur ut indignus.

Ce qui a été traduit comme il suit par le traducteur juré du grand conseil :

« Toutes les fois qu'on servira un mets d'une saveur distinguée et bien connue, on observera attentivement les convives, et on notera comme indignes tous ceux dont la physionomie n'annoncera pas le ravissement. »

La force des éprouvettes est relative, et doit être appropriée aux facultés et aux habitudes des diverses classes de la société. Toutes circonstances appréciées, elle doit être calculée pour causer admiration et surprise : c'est un dynamomètre dont la force doit augmenter à mesure qu'on monte dans les hautes zones de la société. Ainsi, l'éprouvette destinée à un petit rentier de la rue Coquenard ne fonctionnerait déjà plus chez un second commis, et ne s'apercevrait même pas à un dîner d'élus (*select few*) chez un financier ou un ministre.

Dans l'énumération que nous allons faire des mets qui ont été élevés à la dignité d'éprouvettes, nous commencerons par ceux qui sont à plus basse pression ; nous monterons ensuite graduellement pour en éclairer la théorie, de manière non seulement que chacun puisse s'en servir avec fruit, mais qu'il puisse encore en inventer de nouvelles sur le même principe, y donner son nom et en faire usage dans la sphère où le hasard l'a placé.

Nous avons eu un moment l'intention de donner ici, comme pièces justificatives, la recette pour confectionner les diverses préparations que nous

indiquons comme éprouvettes; mais nous nous en
sommes abstenu : nous avons cru que ce serait
faire injustice aux divers recueils qui ont paru depuis et compris celui de Beauvilliers, et tout récemm-
ment le *Cuisinier des Cuisiniers*. Nous nous conten-
tons d'y renvoyer, ainsi qu'à ceux de Viaud et
d'Appert, en observant qu'on trouve dans ce dernier divers aperçus scientifiques auparavant inconnus dans les ouvrages de cette espèce.

Il est à regretter que le public n'ait pas pu jouir
de la relation tachygraphique de ce qui fut dit au
conseil lorsqu'il délibéra sur les éprouvettes. Tout
cela est resté dans la nuit du secret; mais il est du
moins une circonstance qu'il m'a été permis de ré-
véler.

Quelqu'un [1] proposa des éprouvettes négatives
et par privation :

Ainsi, par exemple, un accident qui aurait détruit un plat d'une haute saveur, une bourriche devant arriver par le courrier et qui aurait été retar-
dée, soit que le fait eût été vrai, soit qu'il ne fût
qu'une supposition. A ces fâcheuses nouvelles, on
aurait observé et noté la tristesse graduelle imprimée sur le front des convives, et on aurait pu

---

1. M. Félix Sibuet, qui, par sa physionomie classique, la
finesse de son goût et ses talens administratifs, a tout ce
qu'il faut pour devenir un financier parfait.

se procurer ainsi une bonne échelle de sensibilité gastrique.

Mais cette proposition, quoique séduisante au premier coup d'œil, ne résista pas à un examen plus approfondi. Le président observa, et observa avec grande raison, que de pareils événemens, qui n'agiraient que superficiellement sur les organes disgraciés des indifférens, pourraient exercer sur les vrais croyans une influence funeste, et peut-être leur occasionner un saisissement mortel. Ainsi, malgré quelque insistance de la part de l'auteur, la proposition fut rejetée à l'unanimité.

Nous allons maintenant donner l'état des mets que nous avons jugés propres à servir d'éprou-vettes ; nous les avons divisés en trois séries d'as-cension graduelle, suivant l'ordre et la méthode ci-devant indiqués.

ÉPROUVETTES GASTRONOMIQUES

PREMIÈRE SÉRIE.

Revenu présumé : 5,ooo francs (MÉDIOCRITÉ).

Une forte rouelle de veau, piquée de gros lard et cuite dans son jus ;

Un dindon de ferme farci de marrons de Lyon ;

Des pigeons de volière gras, bardés et cuits à propos ;

Des œufs à la neige;

Un plat de choucroute (*sauer-krant*) hérissé de saucisses et couronné de lard fumé de Strasbourg.

Expression : « Peste! voilà qui a bonne mine! Allons, il faut y aller faire honneur!... »

DEUXIÈME SÉRIE.

Revenu présumé : 15,000 francs (AISANCE).

Un filet de bœuf à cœur rose, piqué et cuit dans son jus;

Un quartier de chevreuil, sauce hachée aux cornichons;

Un turbot au naturel;

Un gigot de pré-salé à la provençale;

Un dindon truffé;

Des petits pois en primeur.

Expression : « Ah! mon ami, quelle aimable apparition! Il y a vraiment *nopces*[1] et festins. »

TROISIÈME SÉRIE.

Revenu présumé : 30,000 francs et plus (RICHESSE).

Une pièce de volaille de sept livres, bourrée de

---

1. Pour que cette phrase soit convenablement articulée, il faut faire sentir le *p*.

truffes de Périgord jusqu'à sa conversion en sphé-
roïde;

Un énorme pâté de foie gras de Strasbourg,
ayant forme de bastion;

Une grosse carpe du Rhin à la Chambord, richement dotée et parée;

Des cailles truffées à la moelle, étendues sur des
toarts beurrés au basilic;

Un brochet de rivière piqué, farci et baigné
d'une crème d'écrevisses, *secundum artem;*

Un faisan à son point, piqué en toupet, gisant
sur une rôtie travaillée à la Sainte-Alliance;

Cent asperges de cinq à six lignes de diamètre,
en primeur, sauce à l'osmazôme;

Deux douzaines d'ortolans à la provençale,
comme il est dans *le Secrétaire* et *le Cuisinier;*

Une pyramide de meringues à la vanille et à
la rose (cette éprouvette n'a d'effet nécessaire
que sur les dames, et sur les hommes à mollets
d'abbé, etc.).

Expression : « Ah! Monsieur (ou Monseigneur),
que votre cuisinier est un homme admirable! On
ne rencontre ces choses-là que chez vous! »

Observation générale.

Pour qu'une éprouvette produise certainement
son effet, il est nécessaire qu'elle soit comparative-

ment en large proportion : l'expérience, fondée sur
la connaissance du cœur humain, nous a appris que
la rareté la plus savoureuse perd son influence quand
elle n'est pas en proportion exubérante : car le premier mouvement qu'elle imprime aux convives est
justement arrêté par la crainte qu'ils peuvent avoir
d'être mesquinement servis, ou d'être, dans certaines
positions, obligés de refuser par politesse, ce qui
arrive souvent chez les avares fastueux.

J'ai eu plusieurs fois occasion de vérifier l'effet
des éprouvettes gastronomiques; j'en rapporte un
exemple qui suffira :

J'assistais à un dîner de gourmands de la quatrième catégorie, où nous ne nous trouvions que
deux profanes : mon ami J... R... et moi.

Après un premier service de haute distinction,
on servit, entre autres choses, un énorme coq vierge [1]
de Barbezieux, truffé à tout rompre, et un gibraltar
de foie gras de Strasbourg.

Cette apparition produisit sur l'assemblée un effet

---

1. Des hommes dont l'avis peut faire doctrine m'ont
assuré que la chair de coq vierge est sinon plus tendre, du
moins certainement de plus haut goût que celle du chapon.
J'ai trop d'affaires en ce bas monde pour faire cette expérience, que je délègue à mes lecteurs; mais je crois qu'on
peut d'avance se ranger à cet avis, parce qu'il y a dans la
première de ces chairs un élément de sapidité qui manque
dans la seconde.
Une femme de beaucoup d'esprit m'a dit qu'elle connaît

marqué, mais difficile à décrire, à peu près comme
le rire silencieux indiqué par Cooper, et je vis bien
qu'il y avait lieu à observation.

Effectivement, toutes les conversations cessèrent
par la plénitude des cœurs; toutes les attentions se
fixèrent sur l'adresse des prosecteurs, et, quand les
assiettes de distribution eurent passé, je vis se succéder tour à tour, sur toutes les physionomies, le
feu du désir, l'extase de la jouissance et le repos
parfait de la béatitude.

---

les gourmands à la manière dont ils prononcent le mot *bon*
dans les phrases : *Voilà qui est bon, voilà qui est bien bon,*
et autres pareilles. Elle assure que les adeptes mettent à ce
monosyllabe si court un accent de vérité, de douceur et
d'enthousiasme auquel les palais disgraciés ne peuvent
jamais atteindre.

Méditation XIV.

MÉDITATION XIV

DU PLAISIR DE LA TABLE

———

70. — L'homme est incontestablement, des êtres sensitifs qui peuplent notre globe, celui qui éprouve le plus de souffrances.

La nature l'a primitivement condamné à la douleur par la nudité de sa peau, par la forme de ses pieds et par l'instinct de guerre et de destruction qui accompagne l'espèce humaine partout où on l'a rencontrée.

Les animaux n'ont point été frappés de cette malédiction, et, sans quelques combats causés par l'instinct de la reproduction, la douleur, dans l'état de nature, serait absolument inconnue à la plupart des espèces ; tandis que l'homme, qui ne peut éprouver le plaisir que passagèrement et par un petit nombre d'organes, peut toujours et dans toutes les parties de son corps être soumis à d'épouvantables douleurs.

Cet arrêt de la destinée a été aggravé, dans son exécution, par une foule de maladies qui sont nées des habitudes de l'état social : de sorte que le plaisir le plus vif et le mieux conditionné qu'on puisse imaginer ne peut, soit en intensité, soit en durée, servir de compensation pour les douleurs atroces qui accompagnent certains dérangemens, tels que la goutte, la rage de dents, les rhumatismes aigus, la strangurie, ou qui sont causés par les supplices rigoureux en usage chez certains peuples.

C'est cette crainte pratique de la douleur qui fait que, même sans s'en apercevoir, l'homme se jette avec élan du côté opposé, et s'attache avec abandon au petit nombre de plaisirs que la nature a mis dans son lot.

C'est par la même raison qu'il les augmente, les étire, les façonne, les adore enfin, puisque, sous le règne de l'idolâtrie et pendant une longue suite de siècles, tous les plaisirs ont été des divinités secondaires présidées par des dieux supérieurs.

La sévérité des religions nouvelles a détruit tous

ces patronages : Bacchus, l'Amour, Comus, Diane,
ne sont plus que des souvenirs poétiques; mais la
chose subsiste, et sous la plus sérieuse de toutes
les croyances on se régale à l'occasion des mariages, des baptêmes et même des sépultures.

Origine du plaisir de la table.

71. — Les repas, dans le sens que nous donnons
à ce mot, ont commencé avec le second âge de
l'espèce humaine, c'est-à-dire au moment où elle
a cessé de se nourrir de fruits. Les apprêts et la
distribution des viandes ont nécessité le rassemblement de la famille, les chefs distribuant à leurs
enfans le produit de leur chasse, et les enfans
adultes rendant ensuite le même service à leurs
parens vieillis.

Ces réunions, bornées d'abord aux relations les
plus proches, se sont étendues peu à peu à celles de
voisinage et d'amitié.

Plus tard, et quand le genre humain se fut
étendu, le voyageur fatigué vint s'asseoir à ces repas
primitifs, et raconta ce qui se passait dans les contrées lointaines. Ainsi naquit l'hospitalité, avec ses
droits réputés sacrés chez tous les peuples : car il
n'en est aucun si féroce qu'il ne se fît un devoir de
respecter les jours de celui avec qui il avait con-
senti de partager le pain et le sel.

C'est pendant le repas que durent naître ou se perfectionner les langues, soit parce que c'était une occasion de rassemblement toujours renaissante, soit parce que le loisir qui accompagne et suit le repas dispose naturellement à la confiance et à la loquacité.

Différence entre le plaisir de manger et le plaisir de la table.

72. — Tels durent être, par la nature des choses, les élémens du plaisir de la table, qu'il faut bien distinguer du plaisir de manger, qui est son antécédent nécessaire.

Le plaisir de manger est la sensation actuelle et directe d'un besoin qui se satisfait.

Le plaisir de la table est la sensation réfléchie qui naît des diverses circonstances de faits, de lieux, de choses et de personnes qui accompagnent le repas.

Le plaisir de manger nous est commun avec les animaux; il ne suppose que la faim et ce qu'il faut pour la satisfaire.

Le plaisir de la table est particulier à l'espèce humaine; il suppose des soins antécédens pour les apprêts du repas, pour le choix du lieu et le rassemblement des convives.

Le plaisir de manger exige, sinon la faim, au

moins de l'appétit; le plaisir de la table est le plus souvent indépendant de l'un et de l'autre.

Ces deux états peuvent toujours s'observer dans nos festins.

Au premier service, et en commençant la session, chacun mange avidement, sans parler, sans faire attention à ce qui peut être dit, et, quel que soit le rang qu'on occupe dans la société, on oublie tout pour n'être qu'un ouvrier de la grande manufacture; mais, quand le besoin commence à être satisfait, la réflexion naît, la conversation s'engage, un autre ordre de choses commence, et celui qui jusque-là n'était que consommateur devient convive plus ou moins aimable, suivant ce que le maître de toutes choses lui en a dispensé les moyens.

Effets.

73. — Le plaisir de la table ne comporte ni ravissemens, ni extases, ni transports; mais il gagne en durée ce qu'il perd en intensité, et se distingue surtout par le privilège particulier dont il jouit de nous disposer à tous les autres, ou du moins de nous consoler de leur perte.

Effectivement, à la suite d'un repas bien entendu, le corps et l'âme jouissent d'un bien-être particulier.

Au physique, en même temps que le cerveau se

rafraîchit, la physionomie s'épanouit, le coloris s'élève, les yeux brillent, une douce chaleur se répand dans tous les membres.

Au moral, l'esprit s'aiguise, l'imagination s'échauffe, les bons mots naissent et circulent; et, si La Fare et Saint-Aulaire vont à la postérité avec la réputation d'auteurs spirituels, ils le doivent surtout à ce qu'ils furent convives aimables.

D'ailleurs, on trouve souvent rassemblées autour de la même table toutes les modifications que l'extrême sociabilité a introduites parmi nous : l'amour, l'amitié, les affaires, les spéculations, la puissance, les sollicitations, le protectorat, l'ambition, l'intrigue. Voilà pourquoi le conviviat touche à tout; voilà pourquoi il produit des fruits de toutes les saveurs.

Accessoires industriels.

74. — C'est par une conséquence immédiate de ces antécédens que toute l'industrie humaine s'est concentrée pour augmenter la durée et l'intensité du plaisir de la table.

Des poètes se plaignirent de ce que le col, étant trop court, s'opposait à la durée du plaisir de la dégustation; d'autres déploraient le peu de capacité de l'estomac, et on en vint jusqu'à délivrer ce viscère du soin de digérer un premier repas pour se donner le plaisir d'en avaler un second.

Ce fut là l'effort suprême tenté pour amplifier les jouissances du goût; mais si, de ce côté, on ne put pas franchir les bornes posées par la nature, on se jeta dans les accessoires, qui du moins offraient plus de latitude.

On orna de fleurs les vases et les coupes, on en couronna les convives; on mangea sous la voûte du ciel, dans les jardins, dans les bosquets, en présence de toutes les merveilles de la nature.

Au plaisir de la table on joignit les charmes de la musique et le son des instrumens. Ainsi, pendant que la cour du roi des Phéociens se régalait, le chantre Phémius célébrait les faits et les guerriers des temps passés.

Souvent des danseurs, des bateleurs et des mimes des deux sexes et de tous les costumes venaient occuper les yeux sans nuire aux jouissances du goût; les parfums les plus exquis se répandaient dans les airs; on alla jusqu'à se faire servir par la beauté sans voiles : de sorte que tous les sens étaient appelés à une jouissance devenue universelle.

Je pourrais employer plusieurs pages à prouver ce que j'avance. Les auteurs grecs, romains, et nos vieilles chroniques, sont là prêts à être copiés; mais ces recherches ont déjà été faites, et ma facile érudition aurait peu de mérite. Je donne

donc pour constant ce que d'autres ont prouvé :
c'est un droit dont j'use souvent et dont le lecteur
doit me savoir gré.

XVIIIᵉ et XIXᵉ siècles.

75. — Nous avons adopté plus ou moins, suivant les circonstances, ces divers moyens de béati-
fication, et nous y avons joint encore ceux que les
découvertes nouvelles nous ont révélés.

Sans doute, la délicatesse de nos mœurs ne
pouvait pas laisser subsister les vomitoires des
Romains ; mais nous avons mieux fait, et nous
sommes parvenus au même but par une voie avouée
par le bon goût.

On a inventé des mets tellement attrayans qu'ils
font renaître sans cesse l'appétit, et ils sont en
même temps si légers qu'ils flattent le palais sans
presque surcharger l'estomac. Sénèque aurait dit :
nubes esculentas.

Nous sommes donc parvenus à une telle progression alimentaire que, si la nécessité des affaires
ne nous forçait pas à nous lever de table, ou si
le besoin du sommeil ne venait pas s'interposer,
la durée des repas serait à peu près indéfinie, et
on n'aurait aucune donnée certaine pour déterminer le temps qui pourrait s'écouler depuis le pre-

I   33

mier coup de madère jusqu'au dernier verre de punch.

Au surplus, il ne faut pas croire que tous ces accessoires soient indispensables pour constituer le plaisir de la table. On goûte ce plaisir dans presque toute son étendue toutes les fois qu'on réunit les quatre conditions suivantes : chère au moins passable, bon vin, convives aimables, temps suffisant.

C'est ainsi que j'ai souvent désiré avoir assisté au repas frugal qu'Horace destinait au voisin qu'il aurait invité, ou à l'hôte que le mauvais temps aurait contraint à chercher un abri auprès de lui, savoir : un bon poulet, un chevreau (sans doute bien gras), et pour dessert des raisins, des figues et des noix. En y joignant du vin récolté sous le consulat de Manlius (*nata mecum consule Manlio*), et la conversation de ce poète voluptueux, il me semble que j'aurais soupé de la manière la plus confortable.

> *At mihi cum longum post tempus venerat hospes,*
> *Sive operum vacuo longum conviva per imbrem*
> *Vicinus, bene erat, non piscibus urbe petitis,*
> *Sed pullo atque hædo, tum* [1] *pensilis uva secundas*
> *Et nux ornabat mensas, cum duplice ficu.*

---

1. Le dessert se trouve précisément désigné et distingué par l'adverbe *tum* et par les mots *secundas mensas*.

C'est encore ainsi qu'hier ou demain trois paires d'amis se seront régalés du gigot à l'eau et du rognon de Pontoise, arrosés d'orléans et de médoc bien limpides, et qu'ayant fini la soirée dans une causerie pleine d'abandon et de charmes, ils auront totalement oublié qu'il existe des mets plus fins et des cuisiniers plus savans.

Au contraire, quelque recherchée que soit la bonne chère, quelque somptueux que soient les accessoires, il n'y a pas plaisir de table si le vin est mauvais, les convives ramassés sans choix, les physionomies tristes et le repas consommé avec précipitation.

Esquisse.

« Mais, dira peut-être le lecteur impatienté, comment doit donc être fait, en l'an de grâce 1825, un repas, pour réunir toutes les conditions qui procurent au suprême degré le plaisir de la table? »

Je vais répondre à cette question. Recueillez-vous, lecteurs, et prêtez attention : c'est Gasterea, c'est la plus jolie des Muses qui m'inspire; je serai plus clair qu'un oracle, et mes préceptes traverseront les siècles :

« Que le nombre des convives n'excède pas douze, afin que la conversation puisse être constamment générale;

« Qu'ils soient tellement choisis que leurs occupations soient variées, leurs goûts analogues, et
avec de tels points de contact qu'on ne soit point
obligé d'avoir recours à l'odieuse formalité des pré-
sentations ;

« Que la salle à manger soit éclairée avec luxe,
le couvert d'une propreté remarquable, et l'atmosphère à la température de 13 à 16 degrés au thermomètre de Réaumur ;

« Que les hommes soient spirituels sans prétention, et les femmes aimables sans être trop coquettes[1] ;

« Que les mets soient d'un choix exquis, mais
en nombre resserré, et les vins de première qualité,
chacun dans son degré ;

« Que la progression, pour les premiers, soit
des plus substantiels aux plus légers, et, pour les
seconds, des plus lampans aux plus parfumés ;

« Que le mouvement de consommation soit
modéré, le dîner étant la dernière affaire de la
journée, et que les convives se tiennent comme
des voyageurs qui doivent arriver ensemble au
même but ;

« Que le café soit brûlant et les liqueurs spécialement du choix de maître ;

---

1. J'écris à Paris, entre le Palais-Royal et la Chaussée-
d'Antin.

« Que le salon qui doit recevoir les convives soit assez spacieux pour organiser une partie de jeu pour ceux qui ne peuvent pas s'en passer, et pour qu'il reste cependant assez d'espace pour les colloques post-méridiens ;

« Que les convives soient retenus par les agrémens de la société, et ranimés par l'espoir que la soirée ne se passera pas sans quelque jouissance ultérieure ;

« Que le thé ne soit pas trop chargé, que les rôties soient artistement beurrées et le punch fait avec soin ;

« Que la retraite ne commence pas avant onze heures, mais qu'à minuit tout le monde soit couché. »

Si quelqu'un a assisté à un repas réunissant toutes ces conditions, il peut se vanter d'avoir assisté à sa propre apothéose, et on aura eu d'autant moins de plaisir qu'un plus grand nombre d'entre elles auront été oubliées ou méconnues.

J'ai dit que le plaisir de la table, tel que je l'ai caractérisé, était susceptible d'une assez longue durée ; je vais le prouver en donnant la relation véridique et circonstanciée du plus long repas que j'aie fait en ma vie : c'est un bonbon que je mets dans la bouche du lecteur, pour le récompenser de la complaisance qu'il a de me lire avec plaisir.

La voici :

J'avais, au fond de la rue du Bac, une famille
de parens composée comme il suit : le docteur,
78 ans; le capitaine, 76; leur sœur Jeannette, 74.
Je les allais voir quelquefois, et ils me recevaient
toujours avec beaucoup d'amitié.

« Parbleu ! me dit un jour le docteur Dubois
en se levant sur la pointe des pieds pour me frapper sur l'épaule, il y a longtemps que tu nous
vantes tes *fondues* (œufs brouillés au fromage); tu
ne cesses de nous en faire venir l'eau à la bouche :
il est temps que cela finisse. Nous irons un jour
déjeuner chez toi, le capitaine et moi, et nous
verrons ce que c'est (c'est, je crois, vers 1801,
qu'il me faisait cette agacerie). — Très volontiers,
lui répondis-je, et vous l'aurez dans toute sa gloire,
car c'est moi qui la ferai. Votre proposition me
rend tout à fait heureux. Ainsi, à demain dix heures,
heure militaire [1]. »

Au temps indiqué, je vis arriver mes deux convives, rasés de frais, bien peignés, bien poudrés :
deux petits vieillards encore verts et bien portans.

Ils sourirent de plaisir quand ils virent la table
prête, du linge blanc, trois couverts mis, et à cha-

---

1. Toutes les fois qu'un rendez-vous est annoncé ainsi,
on doit servir à l'heure sonnante : les retardataires sont réputés déserteurs.

que place deux douzaines d'huîtres avec un citron luisant et doré.

Aux deux bouts de la table s'élevait une bouteille de vin de Sauterne soigneusement essuyée, fors le bouchon, qui indiquait d'une manière certaine qu'il y avait longtemps que le tirage avait eu lieu.

Hélas! j'ai vu disparaître, ou à peu près, ces déjeuners d'huîtres, autrefois si fréquens et si gais, où on les avalait par milliers; ils ont disparu avec les abbés, qui n'en mangeaient jamais moins d'une grosse, et les chevaliers, qui n'en finissaient plus. Je les regrette, mais en philosophe : si le temps modifie les gouvernemens, quels droits n'a-t-il pas sur de simples usages?

Après les huîtres, qui furent trouvées très fraîches, on servit des rognons à la brochette, une caisse de foie gras aux truffes, et enfin la fondue.

On en avait rassemblé les élémens dans une casserole qu'on apporta sur la table avec un réchaud à l'esprit-de-vin. Je fonctionnai sur le champ de bataille, et les cousins ne perdirent pas un de mes mouvemens.

Ils se récrièrent sur les charmes de cette préparation, et m'en demandèrent la recette, que je leur promis, tout en leur contant à ce sujet deux anecdotes que le lecteur rencontrera peut-être ailleurs.

Après la fondue vinrent les fruits de la saison et

des confitures, une tasse de vrai moka fait *à la Du-*
belloy, dont la méthode commençait à se propager,
et enfin deux espèces de liqueurs, un esprit pour
déterger et une huile pour adoucir.

Le déjeuner bien fini, je proposai à mes convives de prendre un peu d'exercice, et, pour cela,
de faire le tour de mon appartement, appartement
qui est loin d'être élégant, mais qui est vaste, confortable, et où mes amis se trouvaient d'autant
mieux que les plafonds et les dorures datent du
milieu du règne de Louis XV.

Je leur montrai l'argile originale du buste de
ma jolie cousine madame Récamier, par Chinard,
et son portrait en miniature par Augustin. Ils en furent si ravis que le docteur, avec ses grosses lèvres,
baisa le portrait, et que le capitaine se permit sur
le buste une licence pour laquelle je le battis : car,
si tous les admirateurs de l'original venaient en
faire autant, ce sein, si voluptueusement contourné,
serait bientôt dans le même état que l'orteil de
saint Pierre de Rome, que les pèlerins ont rac-
courci à force de le baiser.

Je leur montrai ensuite quelques plâtres des
meilleures sculptures antiques, des peintures qui ne
sont pas sans mérite, mes fusils, mes instrumens de
musique et quelques belles éditions tant françaises
qu'étrangères.

Dans ce voyage polymathique, ils n'oublièrent

pas ma cuisine. Je leur fis voir mon pot-au-feu éco-
nomique, ma coquille à rôtir, mon tourne-broche
à pendule et mon vaporisateur. Ils examinèrent
tout avec une curiosité minutieuse, et s'étonnèrent
d'autant plus que chez eux tout se faisait encore
comme du temps de la Régence.

Au moment où nous rentrâmes dans mon salon,
deux heures sonnèrent. « Peste! dit le docteur,
voilà l'heure du dîner, et ma sœur Jeannette nous
attend. Il faut aller la joindre. Ce n'est pas que je
me sente une grande envie de manger; mais il me
faut mon potage. C'est une si vieille habitude que,
quand je passe une journée sans en prendre, je dis
comme Titus : *Diem perdidi!* — Cher docteur, lui
répondis-je, pourquoi aller si loin pour trouver ce
que vous avez sous la main? Je vais envoyer quelqu'un à la cousine pour la prévenir que vous restez avec moi et que vous me faites l'honneur
d'accepter un dîner pour lequel vous aurez quelque indulgence, parce qu'il n'aura pas tous les mé-
rites d'un impromptu fait à loisir. »

Il y eut à ce sujet, entre les deux frères déli-
bération oculaire, et ensuite consentement formel.
Alors j'expédiai un *volante* pour le faubourg Saint-
Germain; je dis un mot à mon maître queux, et,
après un intervalle de temps tout à fait modéré,
et partie avec ses ressources, partie avec celles
des restaurateurs voisins, il nous servit un petit

1   34

dîner bien retroussé et tout à fait appétissant.

Ce fut pour moi une grande satisfaction que de voir le sang-froid et l'aplomb avec lequel mes deux amis s'assirent, s'approchèrent de la table, étalèrent leurs serviettes et se préparèrent à agir.

Ils éprouvèrent deux surprises auxquelles je n'avais pas moi-même pensé, car je leur fis servir du parmesan avec le potage, et leur offris après un verre de madère sec. C'étaient deux nouveautés importées depuis peu par M. le prince de Talleyrand, le premier de nos diplomates, à qui nous devons tant de mots fins, spirituels, profonds, et que l'attention publique a toujours suivi avec un intérêt d'instinct, soit dans sa puissance, soit dans sa retraite.

Le dîner se passa très bien, tant dans sa partie substantielle que dans ses accessoires obligés, et mes amis y mirent autant de complaisance que de gaieté.

Après le dîner, je proposai un piquet qui fut refusé; ils préférèrent le farniente des Italiens, disait le capitaine, et nous nous constituâmes en petit cercle autour de la cheminée.

Malgré les délices du farniente, j'ai toujours pensé que rien ne donne plus de douceur à la conversation qu'une occupation quelconque, quand elle n'absorbe pas l'attention. Ainsi, je proposai le thé.

Le thé était une étrangeté pour des Français de la vieille roche; cependant il fut accepté. Je le fis en leur présence, et ils en prirent quelques tasses avec d'autant plus de plaisir qu'ils ne l'avaient jamais regardé que comme un remède.

Une longue pratique m'avait appris qu'une complaisance en amène une autre, et que, quand on est une fois engagé dans cette voie, on perd le pouvoir de refuser. Aussi c'est avec un ton presque impératif que je parlai de finir par un bol de punch.

« Mais tu me tueras! disait le docteur. — Mais vous nous griserez! » disait le capitaine. A quoi je ne répondais qu'en demandant à grands cris des citrons, du sucre et du rhum.

Je fis donc le punch, et, pendant que j'y étais occupé, on exécutait des rôties (*toasts*) bien minces, délicatement beurrées et salées à point.

Cette fois, il y eut réclamation. Les cousins assurèrent qu'ils avaient bien assez mangé et qu'ils n'y toucheraient pas; mais, comme je connaissais l'attrait de cette préparation si simple, je répondis que je ne souhaitais qu'une chose : c'est qu'il y en eût assez. Effectivement, peu après, le capitaine prenait la dernière tranche, et je le surpris regardant s'il n'en restait pas ou si on n'en faisait pas d'autre, ce que j'ordonnai à l'instant.

Cependant le temps avait coulé, et ma pendule marquait plus de huit heures. « Sauvons-nous ! dirent mes hôtes; il faut bien que nous allions manger une feuille de salade avec notre pauvre sœur, qui ne nous a pas vus de la journée. »

A cela je n'eus pas d'objection, et, fidèle aux devoirs de l'hospitalité vis-à-vis deux vieillards aussi aimables, je les accompagnai jusqu'à leur voiture, et je les vis partir.

On demandera peut-être si l'ennui ne se coula pas quelques momens dans une aussi longue séance.

Je répondrai négativement : l'attention de mes convives fut soutenue par la confection de la fondue, par le voyage autour de l'appartement, par quelques nouveautés dans le dîner, par le thé et surtout par le punch, dont ils n'avaient jamais goûté.

D'ailleurs, le docteur connaissait tout Paris par généalogies et anecdotes; le capitaine avait passé une partie de sa vie en Italie, soit comme militaire, soit comme envoyé à la cour de Parme; j'ai moi-même beaucoup voyagé. Nous causions sans prétention, nous écoutions avec complaisance. Il n'en faut pas tant pour que le temps fuie avec douceur et rapidité.

Le lendemain matin, je reçus une lettre du docteur. Il avait l'attention de m'apprendre que la

petite débauche de la veille ne leur avait fait aucun
mal ; bien au contraire, après un sommeil des plus
heureux, ils s'étaient levés frais, dispos et prêts à
recommencer.

Méditation XV.

MÉDITATION XV

DES HALTES DE CHASSE

---

76. — De toutes les circonstances de la vie où le manger est compté pour quelque chose, une des plus agréables est sans doute la halte de chasse, et, de tous les entr'actes connus, c'est encore la halte de chasse qui peut le plus se prolonger sans ennui.

Après quelques heures d'exercice, le chasseur le plus vigoureux sent qu'il a besoin de repos; son visage a été caressé par la brise du matin; l'adresse ne lui a pas manqué dans l'occasion; le soleil est près d'atteindre le plus haut de son cours; le chas-

seur va donc s'arrêter quelques heures, non par
excès de fatigue, mais par cette impulsion d'instinct
qui nous avertit que notre activité ne peut pas être
indéfinie.

Un ombrage l'attire, le gazon le reçoit, et le
murmure de la source voisine l'invite à y déposer
le flacon destiné à le désaltérer [1].

Ainsi placé, il sort avec un plaisir tranquille les
petits pains à croûte dorée, dévoile le poulet froid
qu'une main amie a placé dans son sac, et pose
tout auprès le carré de gruyère ou de roquefort
destiné à figurer tout un dessert.

Pendant qu'il se prépare ainsi, le chasseur n'est
pas seul; il est accompagné de l'animal fidèle que
le Ciel a créé pour lui : le chien, accroupi, regarde
son maître avec amour. La coopération a comblé
les distances : ce sont deux amis, et le serviteur est
à la fois heureux et fier d'être le convive de son
maître.

Ils ont un appétit également inconnu aux mon-
dains et aux dévots : aux premiers, parce qu'ils ne
laissent point à la faim le temps d'arriver; aux autres, parce qu'ils ne se livrent jamais aux exercices
qui la font naître.

---

1. J'invite les camarades à préférer le vin blanc; il résiste mieux au mouvement et à la chaleur, et désaltère plus
agréablement.

Le repas a été consommé avec délices; chacun a eu sa part : tout s'est passé dans l'ordre et la paix. Pourquoi ne donnerait-on pas quelques instans au sommeil? L'heure de midi est aussi une heure de repos pour toute la création.

Ces plaisirs purs sont décuplés si plusieurs amis les partagent, car, en ce cas, un repas plus copieux a été apporté dans ces cantines militaires, maintenant employées à de plus doux usages. On cause avec enjouement des prouesses de l'un, des solécismes de l'autre et des espérances de l'après-midi.

Que sera-ce donc si des serviteurs attentifs arrivent chargés de ces vases consacrés à Bacchus où un froid artificiel fait glacer à la fois le madère, le suc de la fraise et de l'ananas, liqueurs délicieuses, préparations divines, qui font couler dans les veines une fraîcheur ravissante, et portent dans tous les sens un bien-être inconnu aux profanes[1]?

Mais ce n'est point encore là le dernier terme de cette progression d'enchantemens.

---

1. C'est mon ami Alexandre Delessert qui, le premier, a mis en usage cette pratique pleine de charmes.

Nous chassions à Villeneuve par un soleil ardent, le thermomètre de Réaumur marquant 26 degrés à l'ombre.

Ainsi placés sous la zone torride, il avait eu l'attention de faire trouver sous nos pas des serviteurs potophores qui avaient dans des seaux de cuir pleins de glace tout ce que

Les Dames.

77. — Il est des jours où nos femmes, nos sœurs, nos cousines, leurs amies, ont été invitées à venir prendre part à nos amusemens.

A l'heure promise, on voit arriver des voitures légères et des chevaux fringans, chargés de belles, de plumes et de fleurs. La toilette de ces dames a quelque chose de militaire et de coquet, et l'œil du professeur peut, de temps à autre, saisir des échappées de vue que le hasard seul n'a pas ménagées.

Bientôt le flanc des calèches s'entr'ouvre et laisse apercevoir les trésors du Périgord, les merveilles de Strasbourg, les friandises d'Achard, et tout ce qu'il y a de transportable dans les laboratoires les plus savans.

On n'a point oublié le champagne fougueux, qui s'agite sous la main de la beauté ; on s'assied sur la verdure, on mange, les bouchons volent ; on cause,

---

l'on pouvait désirer soit pour rafraîchir, soit pour conforter. On choisissait, et on se sentait revivre.

Je suis tenté de croire que l'application d'un liquide ainsi frais à des langues avides et à des gosiers desséchés cause la sensation la plus délicieuse qu'on puisse goûter en sûreté de conscience.

1   35

on rit, on plaisante en toute liberté : car on a
l'univers pour salon et le soleil pour luminaire.
D'ailleurs, l'appétit, cette émanation du Ciel, donne
à ce repas une vivacité inconnue dans les enclos,
quelque bien décorés qu'ils soient.

Cependant, comme il faut que tout finisse, le
doyen donne le signal : on se lève ; les hommes
s'arment de leurs fusils, les dames de leurs chapeaux ;
on se dit adieu, les voitures s'avancent, et les
beautés s'envolent pour ne plus se montrer qu'à la
chute du jour.

Voilà ce que j'ai vu dans les hautes classes de la
société, où le Pactole roule ses flots ; mais tout cela
n'est pas indispensable.

J'ai chassé au centre de la France et au fond des
départemens ; j'ai vu arriver à la halte des femmes
charmantes, des jeunes personnes rayonnantes de
fraîcheur, les unes en cabriolet, les autres dans de
simples carrioles ou sur l'âne modeste qui fait la
gloire et la fortune des habitans de Montmorency ;
je les ai vues les premières à rire des inconvéniens
du transport ; je les ai vues étaler sur la pelouse la
dinde à gelée transparente, le pâté de ménage, la
salade toute prête à être retournée ; je les ai vues
danser d'un pied léger autour du feu de bivouac
allumé en pareille occasion ; j'ai pris part aux jeux
et aux *folâtreries* qui accompagnent ce repas no-
made, et je suis bien convaincu qu'avec moins de

luxe on ne rencontre ni moins de charmes, ni moins de gaieté, ni moins de plaisir.

Eh! pourquoi, quand on se sépare, n'échange-rait-on pas quelques baisers avec le roi de la chasse, parce qu'il est dans sa gloire? avec le culot, parce qu'il est malheureux? avec les autres, pour ne pas faire de jaloux? Il y a départ, l'usage l'autorise, il est permis et même enjoint d'en profiter.

Camarades, chasseurs prudens qui visez au solide, tirez droit, et soignez les bourriches avant l'arrivée des dames, car l'expérience a appris qu'après leur départ il est rare que la chasse soit fructueuse.

On s'est épuisé en conjectures pour expliquer cet effet. Les uns l'attribuent au travail de la digestion, qui rend toujours le corps un peu lourd; d'autres à l'attention distraite, qui ne peut plus se recueillir; d'autres à des colloques confidentiels qui peuvent donner l'envie de retourner bien vite.

Quant à nous,

> Dont jusqu'au fond des cœurs le regard a pu lire,

nous pensons que, l'âge des dames étant à l'orient et les chasseurs matière inflammable, il est impossible que, par la collision des sexes, il ne s'échappe pas quelque étincelle génésique qui effarouche la chaste Diane, et qui fait que, dans son déplaisir, elle retire pour le reste de la journée ses faveurs aux délinquans.

Nous disons *pour le reste de la journée,* car l'histoire d'Endymion nous a appris que la déesse est
bien loin d'être sévère après le soleil couché. (Voyez
le tableau de Gérard.)

Les haltes de chasse sont une matière vierge que
nous n'avons fait qu'effleurer ; elles pourraient être
l'objet d'un traité aussi amusant qu'instructif. Nous
le léguons au lecteur intelligent qui voudra s'en
occuper.

Méd XV.

MÉDITATION XVI

DE LA DIGESTION

———

78. — *On ne vit pas de ce qu'on mange*, dit un vieil adage, *mais de ce qu'on digère*. Il faut donc digérer pour vivre, et cette nécessité est un niveau qui courbe sous sa puissance le pauvre et le riche, le berger et le roi.

Mais combien peu savent ce qu'ils font quand ils digèrent! La plupart sont comme M. Jourdain, qui faisait de la prose sans le savoir, et c'est pour ceux-là que je trace une histoire populaire de la digestion, persuadé que je suis que M. Jourdain fut bien plus content quand le philosophe l'eut rendu certain que ce qu'il faisait était de la prose.

Pour connaître la digestion dans son ensemble, il faut la joindre à ses antécédens et à ses conséquences.

Ingestion.

79. — L'appétit, la faim et la soif nous avertissent que le corps a besoin de se restaurer, et la douleur, ce moniteur universel, ne tarde pas à nous tourmenter si nous ne voulons ou ne pouvons pas y obéir.

Alors viennent le manger et le boire, qui constituent l'ingestion, opération qui commence au moment où les alimens arrivent à la bouche, et finit à celui où ils entrent dans l'œsophage[1].

Pendant ce trajet, qui n'est que de quelques pouces, il se passe bien des choses.

Les dents divisent les alimens solides; les glandes de toute espèce qui tapissent la bouche intérieure les humectent; la langue les gâche pour les mêler; elle les presse ensuite contre le palais pour en exprimer le jus et en savourer le goût. En faisant cette fonction, la langue réunit les alimens en masse dans le milieu de la bouche; après quoi, s'appuyant

---

1. *L'œsophage* est le canal qui commence derrière la trachée-artère et conduit du gosier à l'estomac; son extrémité supérieure se nomme *pharynx*.

contre la mâchoire inférieure, elle se soulève dans le milieu, de sorte qu'il se forme à sa racine une pente qui les entraîne dans l'arrière-bouche, où ils sont reçus par le pharynx, qui, se contractant à son tour, les fait entrer dans l'œsophage, dont le mouvement péristaltique les conduit jusqu'à l'estomac.

Une bouchée ainsi débitée, une seconde lui succède de la même manière; les boissons qui sont aspirées dans les entr'actes prennent la même route, et la déglutition continue jusqu'à ce que le même instinct qui avait appelé l'ingestion nous avertisse qu'il est temps de finir. Mais il est rare qu'on obéisse à la première injonction, car un des privilèges de l'espèce humaine est de boire sans avoir soif, et dans l'état actuel de l'art les cuisiniers savent bien nous faire manger sans avoir faim.

Par un tour de force très remarquable, pour que chaque morceau arrive jusqu'à l'estomac, il faut qu'il échappe à deux dangers :

Le premier est d'être refoulé dans les arrière-narines; mais heureusement l'abaissement du voile du palais et la construction 'du pharynx s'y opposent.

Le second danger serait de tomber dans la trachée-artère, au-dessus de laquelle tous nos alimens passent, et celui-ci serait beaucoup plus grave, car, dès qu'un corps étranger tombe dans la trachée-artère, une toux convulsive commence pour ne finir que quand il est expulsé.

Mais, par un mécanisme admirable, la glotte se resserre pendant qu'on avale ; elle est défendue par l'épiglotte, qui la recouvre, et nous avons un certain instinct qui nous porte à ne pas respirer pendant la déglutition : de sorte qu'en général on peut dire que, malgré cette étrange conformation, les alimens arrivent facilement dans l'estomac, où finit l'empire de la volonté et où commence la digestion proprement dite.

Office de l'estomac.

89. — La digestion est une opération tout à fait mécanique, et l'appareil digesteur peut être considéré comme un moulin garni de ses blutoirs, dont l'effet est d'extraire des alimens ce qui peut servir à réparer nos corps, et de rejeter le marc dépouillé de ses parties animalisables.

On a longtemps et vigoureusement disputé sur la manière dont se fait la digestion dans l'estomac, et pour savoir si elle se fait par coction, maturation, fermentation, dissolution gastrique, chimique ou vitale, etc.

On y peut trouver un peu de tout cela, et il n'y avait faute que parce qu'on voulait attribuer à un agent unique le résultat de plusieurs causes nécessairement réunies.

Effectivement, les alimens, imprégnés de tous les fluides que leur fournissent la bouche et l'œsophage, arrivent dans l'estomac, où ils sont pénétrés par le suc gastrique dont il est toujours plein; ils sont soumis pendant plusieurs heures à une chaleur de plus de 3o degrés de Réaumur; ils sont sassés et mêlés par le mouvement organique de l'estomac, que leur présence excite; ils agissent les uns sur les autres par l'effet de cette juxtaposition, et il est impossible qu'il n'y ait pas fermentation puisque presque tout ce qui est alimentaire est fermentescible.

Par suite de toutes ces opérations, le chyle s'élabore; la couche alimentaire qui est immédiatement superposée est la première qui est appropriée; elle passe par le pylore et tombe dans les intestins; une autre lui succède, et ainsi de suite, jusqu'à ce qu'il n'y ait plus rien dans l'estomac, qui se vide, pour ainsi dire, par bouchées et de la même manière dont il s'était rempli.

Le pylore est une espèce d'entonnoir charnu qui sert de communication entre l'estomac et les intestins; il est fait de manière à ce que les alimens ne puissent, du moins que difficilement, remonter. Ce viscère important est sujet quelquefois à s'obstruer, et alors on meurt de faim après de longues et effroyables douleurs.

L'intestin qui reçoit les alimens au sortir du

I   36

pylore est le duodenum; il a été ainsi nommé
parce qu'il est long de douze doigts.

Le chyle, arrivé dans le duodenum, y reçoit une
élaboration nouvelle par le mélange de la bile et
du suc pancréatique; il perd la couleur grisâtre
et acide qu'il avait auparavant, se colore en jaune,
et commence à contracter le fumet stercoral, qui
va toujours en s'aggravant, à mesure qu'il s'avance
vers le rectum. Les divers principes qui se trouvent
dans ce mélange agissent réciproquement les uns
sur les autres; le chyle se prépare, et il doit y
avoir formation de gaz analogues.

Le mouvement organique d'impulsion qui avait
fait sortir le chyle de l'estomac, continuant, le
pousse vers les intestins grêles; là se dégage le
chyle, qui est absorbé par les organes destinés à
cet usage, et qui est porté vers le foie pour s'y
mêler au sang, qu'il rafraîchit en réparant les pertes causées par l'absorption des organes vitaux et
par l'exhalation transpiratoire.

Il est assez difficile d'expliquer comment le chyle,
qui est une liqueur blanche et à peu près insipide et
inodore, peut s'extraire d'une masse dont la couleur, l'odeur et le goût doivent être très prononcés.

Quoi qu'il en soit, l'extraction du chyle paraît
être le véritable but de la digestion, et, aussitôt
qu'il est mêlé à la circulation, l'individu en est
averti par une augmentation de force vitale et par

une conscience intime que ses pertes sont réparées.

Après cette opération, le chyle, dépouillé de ses honneurs et à peu près réduit à l'état d'excrément, s'achemine vers l'extérieur ; il est poussé par l'action organique péristaltique et vermiculaire commune à tout le système digesteur, qui le fait aller, par un mouvement oblique, d'une paroi à l'autre des intestins, et qui est favorisé par les divers liquides qui les lubrifient.

Il va successivement du jejunum à l'iléon, de l'iléon au cœcum, du cœcum au côlon, et du côlon au rectum, parcourant ainsi une route qui peut aller jusqu'à plus de trente pieds, c'est-à-dire à peu près six fois la hauteur de l'individu.

Dans ce trajet ultérieur, le chyle, quoique toujours assez liquide, se colore graduellement en jaune brun. Arrivé dans le cœcum, il y devient de plus en plus stercoral et augmente en consistance, soit par la chaleur des intestins, soit par leur absorption récrémentitielle.

L'excrément arrive à l'extrémité du rectum ; il y est arrêté par la résistance du sphincter, muscle circulaire qui en ferme l'entrée, à peu près comme le cordon d'une bourse à jetons : là, il est obligé de séjourner quelques heures, plus ou moins, selon la disposition particulière de l'individu.

Cependant deux causes vont bientôt concourir à sa sortie : il est poussé par d'autres excrémens qui surviennent par la même route, et l'excitation qu'il cause par sa présence nous fait faire des efforts de constriction sur les parties intestinales soumises à l'action de la volonté. Le *caput mortuum* obéit à ces mouvemens, force le sphincter, se moule sur son ouverture, tombe, et ne nous abandonne pas sans nous laisser une sensation de plaisir que la nature a annexée à tout besoin qui se satisfait.

Les intestins sont le séjour des tempêtes ; il s'y forme des gaz, tout comme dans les nuages ; on y trouve l'oxygène ; les graisses fournissent l'hydrogène et le carbone. Les alimens du règne animal donnent l'azote ; une puissance inconnue y fait naître le soufre et le phosphore, et de là naissent des émissions d'hydrogène sulfuré dont tout le monde connaît les effets, mais dont l'auteur s'efforce toujours de garder l'anonyme.

La digestion des liquides est bien moins compliquée que celle des alimens solides, et peut s'exposer en peu de mots.

La partie alimentaire qui s'y trouve suspendue se sépare, se joint au chyle et en subit toutes les vicissitudes.

La partie purement liquide est absorbée par les suçoirs de l'estomac et jetée dans la circulation ; de là elle est portée par les artères émulgentes vers les reins, qui la filtrent et l'élaborent, et, au moyen des uretères[1], la font parvenir dans la vessie sous la forme d'urine.

Arrivée à ce dernier récipient, et quoique également retenue par un sphincter, l'urine y réside peu; son action excitante fait naître le besoin, et bientôt une constriction volontaire la rend à la lumière et la fait jaillir par les canaux d'irrigation que tout le monde connaît et qu'on est convenu de ne jamais nommer.

La digestion dure plus ou moins de temps, suivant la disposition particulière des individus; cependant on peut lui donner un terme moyen de sept heures, savoir : un peu plus de trois heures pour l'estomac, et le surplus pour le trajet jusqu'au rectum.

Au moyen de cet exposé, que j'ai extrait des meilleurs auteurs et que j'ai convenablement dégagé des aridités anatomiques et des abstractions de la science, mes lecteurs pourront désormais assez bien juger de l'endroit où doit se trouver le dernier repas qu'ils auront pris, savoir : pendant les trois premières heures, dans l'estomac; plus tard, dans le trajet intestinal, et, après sept ou huit heures, dans le rectum, en attendant son tour d'expulsion.

---

1. Ces uretères sont deux conduits de la grosseur d'un tuyau de plume à écrire qui partent de chacun des reins et aboutissent au col postérieur de la vessie.

Influence de la digestion.

81. — La digestion est, de toutes les opérations corporelles, celle qui influe le plus sur l'état moral de l'individu.

Cette assertion ne doit étonner personne, et il est impossible que cela soit autrement.

Les principes de la plus simple psychologie nous apprennent que l'âme n'est impressionnée qu'au moyen des organes qui lui sont soumis et qui la mettent en rapport avec les objets extérieurs, d'où il suit que, quand ces organes sont mal conservés, mal restaurés ou irrités, cet état de dégradation exerce une influence nécessaire sur les sensations, qui sont les moyens intermédiaires et occasionnels des opérations intellectuelles.

Ainsi, la manière habituelle dont la digestion se fait et surtout se termine nous rend habituellement tristes, gais, taciturnes, parleurs, moroses ou mélancoliques, sans que nous nous en doutions, et surtout sans que nous puissions nous y refuser.

On pourrait ranger, sous ce rapport, le genre humain civilisé en trois grandes catégories : les réguliers, les resserrés et les relâchés.

Il est d'expérience que chacun de ceux qui se trouvent dans ces diverses séries non seulement ont des dispositions naturelles semblables et des propensions qui leur sont communes, mais encore qu'ils ont quelque chose d'analogue et de similaire dans la manière dont ils remplissent les missions que le hasard leur a départies dans le cours de la vie.

Pour me faire comprendre par un exemple, je le prendrai dans le vaste champ de la littérature. Je crois que les gens de lettres doivent le plus souvent à leur estomac le genre qu'ils ont préférablement choisi.

Sous ce point de vue, les poètes comiques doivent être dans les réguliers, les tragiques dans les resserrés, et les élégiaques et pastoureaux dans les relâchés : d'où il suit que le poète le plus lacrymal n'est séparé du poète le plus comique que par quelque degré de coction digestionnaire.

C'est par application de ce principe au courage que, dans le temps où le prince Eugène de Savoie faisait le plus de mal à la France, quelqu'un de la cour de Louis XIV s'écriait : « Oh ! que ne puis-je lui envoyer la foire pendant huit jours ! J'en aurais bientôt fait le plus grand j...-f..... de l'Europe. »

« Hâtons-nous, disait un général anglais, de faire battre nos soldats pendant qu'ils ont encore le morceau de bœuf dans l'estomac. »

La digestion, chez les jeunes gens, est souvent accompagnée d'un léger frisson, et, chez les vieillards, d'une assez forte envie de dormir.

Dans le premier cas, c'est la nature qui retire le calorique des surfaces pour l'employer dans son laboratoire; dans le second, c'est la même puissance qui, déjà affaiblie par l'âge, ne peut plus suffire à la fois au travail de la digestion et à l'excitation des sens.

Dans les premiers momens de la digestion, il est dangereux de se livrer aux travaux de l'esprit, plus dangereux encore de s'abandonner aux jouissances génésiques. Le courant qui porte vers les cimetières de la capitale y entraîne chaque année des centaines d'hommes qui, après avoir très bien dîné, et quelquefois pour avoir trop bien dîné, n'ont pas su fermer les yeux et se boucher les oreilles.

Cette observation contient un avis, même pour la jeunesse, qui ne regarde à rien : un conseil pour les hommes faits, qui oublient que le temps ne s'arrête jamais, et une loi pénale pour ceux qui sont du mauvais côté de cinquante ans (*on the wrong side fifty*).

Quelques personnes ont de l'humeur pendant tout le temps qu'elles digèrent : ce n'est le temps alors ni de leur présenter des projets ni de leur demander des grâces.

De ce nombre était spécialement le maréchal Augereau : pendant la première heure après son dîner, il tuait tout, amis et ennemis.

Je lui ai entendu dire un jour qu'il y avait dans

l'armée deux personnes que le général en chef était toujours maître de faire fusiller, savoir : le commissaire-ordonnateur en chef et le chef de son état-major. Ils étaient présens l'un et l'autre. Le général Chérin répondit en câlinant, mais avec esprit; l'ordonnateur ne répondit rien, mais il n'en pensa probablement pas moins.

J'étais à cette époque attaché à son état-major, et mon couvert était toujours mis à sa table; mais j'y venais rarement, par la crainte de ces bourrasques périodiques : j'avais peur que, sur un mot, il ne m'envoyât digérer en prison.

Je l'ai souvent rencontré depuis à Paris, et, comme il me témoignait obligeamment le regret de ne m'avoir pas vu plus souvent, je ne lui en dissimulai point la cause. Nous en rîmes ensemble, mais il avouait presque que je n'avais pas eu tout à fait tort.

Nous étions alors à Offembourg, et on se plaignait à l'état-major de ce que nous ne mangions ni gibier ni poisson.

Cette plainte était fondée, car c'est une maxime de droit public que les vainqueurs doivent faire bonne chère aux dépens des vaincus. Ainsi, le jour même, j'écrivis au conservateur des forêts une lettre fort polie pour lui indiquer le mal et lui prescrire le remède.

Le conservateur était un vieux reître, grand, sec et noir, qui ne pouvait pas nous souffrir, et qui sans doute ne nous traitait pas bien de peur que nous ne prissions racine dans son territoire.

Sa réponse fut donc à peu près négative et pleine d'évasions : les gardes s'étaient enfuis, de peur de nos soldats ; les pêcheurs ne gardaient plus de subordination ; les eaux étaient grosses, etc., etc.

A de si bonnes raisons je ne répliquai pas, mais je lui envoyai dix grenadiers pour les loger et nourrir à discrétion jusqu'à nouvel ordre.

Le topique fit effet : le surlendemain, de très grand matin, il nous arriva un chariot bien et richement chargé. Les gardes étaient sans doute revenus, les pêcheurs soumis, car on nous apportait, en gibier et en poisson, de quoi nous régaler pour plus d'une semaine : chevreuils, bécasses, carpes, brochets. C'était une bénédiction.

A la réception de cette offrande expiatoire, je délivrai de ses hôtes le conservateur malencontreux. Il vint nous voir ; je lui fis entendre raison, et, pendant le reste de notre séjour en ce pays, nous n'eûmes qu'à nous louer de ses bons procédés.

TABLE DES MATIÈRES

CONTENUES DANS LE PREMIER VOLUME

MÉDITATION Iʳᵉ.

MÉDITATION II.

MÉDITATION III.

MÉDITATION IV.

MÉDITATION V.

MÉDITATION VI.

MÉDITATION XII.

MÉDITATION XIII.

MÉDITATION XIV.

MÉDITATION XV.

MÉDITATION XVI.

Paris, imprimerie Jouaust, rue Saint-Honoré, 338.